现代建筑工程设计与管理研究

于学资　宋玉品　刘　薇　著

吉林科学技术出版社

图书在版编目（CIP）数据

现代建筑工程设计与管理研究 / 于学资，宋玉品，
刘薇著．-- 长春：吉林科学技术出版社，2023.3
　　ISBN 978-7-5744-0207-2

　　Ⅰ．①现… Ⅱ．①于… ②宋… ③刘… Ⅲ．①建筑设
计—研究②建筑工程—工程项目管理—研究 Ⅳ．① TU2
② TU712.1

　　中国国家版本馆 CIP 数据核字（2023）第 061812 号

现代建筑工程设计与管理研究

著　　者	于学资　宋玉品　刘　薇
出 版 人	宛　霞
责任编辑	赵维春
封面设计	树人教育
制　　版	树人教育
幅面尺寸	185mm×260mm
开　　本	16
字　　数	240 千字
印　　张	10.75
版　　次	2023 年 3 月第 1 版
印　　次	2023 年 3 月第 1 次印刷
出　　版	吉林科学技术出版社
发　　行	吉林科学技术出版社
地　　址	长春市南关区福祉大路 5788 号出版大厦 A 座
邮　　编	130118

发行部电话 / 传真　0431—81629529　　81629530　　81629531
　　　　　　　　　　81629532　　81629533　　81629534

储运部电话　0431—86059116

编辑部电话　0431—81629520

印　　刷	廊坊市广阳区九洲印刷厂
书　　号	ISBN 978-7-5744-0207-2
定　　价	65.00 元

前　言

在社会经济快速发展的背景下，建筑工程设计管理水平也在不断提高。为了确保建筑工程的整体经济效益，最主要的就是加强建筑工程设计工作，提升建筑工程设计整体的稳定性和有效性，增加建筑工程设计的内在科技含量，能够有效保证建筑工程设计进程中的稳定性和准确性，保证工程建筑整体在实施的过程中能够维持相对稳定科学的状态。并且有效降低建筑工程整体的造价预算，在保证成本固定的情况下，获得更加丰厚的经济效益。

在建筑工程进行设计的过程中，应当针对建筑工程的整体运行制定相应的信息数据库，包括施工合同、招标文件、施工设计图纸等。通过对这些信息进行全面的掌握，才能够对整个建筑工程的重点项目和关键环节进行全面把握，也是工程造价审核的重要依据。还应该加强对工程范围的了解，在工程项目施工过程中所采用的单位估价表，明确建筑安装工程设计中的配套设施等具体内容，在建筑工程施工范围的标准下才能够对整个建筑安装工程造价，避免出现漏项、缺项问题。

在工程设计阶段应当在工程设计与工程造价之间建立良好的关系，控制工程造价在稳定的区间内进行发展，建设良好的工程设计机构，进行充分的方案考察和设计，提升工作人员的专业能力和素质，尊重施工流程的实际变化，讲求实事求是的理念，树立可持续发展理念，强化对工程造价的认知程度，提升工程设计和工程造价的质量和水平。

为了提升本书的学术性与严谨性，在撰写过程中，笔者参阅了大量的文献资料，引用了诸多专家学者的研究成果，因篇幅有限，不能一一列举，在此一并表示最诚挚的感谢。由于时间仓促，加之笔者水平有限，在撰写过程中难免出现不足的地方，希望各位读者不吝赐教，提出宝贵的意见，以便笔者在今后的学习中加以改进。

目　录

第一章　现代建筑工程

第一节　建筑工程框架

在探讨当前建筑结构特点的基础上，从钢筋工程、模板施工以及混凝土工程三个方面论述了建筑工程框架结构施工技术，给提高建筑工程框架结构施工技术提供一个参考。

一、建筑工程框架施工的特点

当前建筑工程结构的一个重要特点就是朝着高层以及超高层的方向发展，而这个趋势给建筑工程的框架结构带来了新的特点。高层建筑在竖向构件以及构成方面带来了逐层累积的重力以及载荷，这就需要较大尺寸的柱体以及墙体来支撑，给工程框架结构施工带来了新的技术要求。

与此同时，建筑的构件还需要承受地震载荷以及风载荷等荷载，而且这些载荷都属于非线性的竖向分布载荷，而且对建筑高度的敏感程度较高。以地震载荷为例，就层数较低的建筑而言，考虑这些建筑的荷载时一般只需要考虑恒定载荷以及部分动载荷，而对于建筑物的墙体、柱体以及楼梯等结构，一般不会予以严格控制，其他构件满足设计要求之后，对应的这些构件也都达到了设计要求。首先要解决的问题除了抗剪问题之外，还需要考虑抵抗变形以及抵抗力矩的问题，部分高层建筑的柱体、梁、墙体以及楼板在设计过程中经常需要考虑到结构的具体布置、特殊材料的使用，这样才能很好地抵抗较大的变形以及较大的侧向载荷。

二、钢筋工程施工技术问题

钢筋工程施工中存在的主要问题。在实际的钢筋工程施工过程中，存在的质量问题较多，主要包括选择的焊条规格、型号不对；钢筋焊接接头存在偏心弯折问题；箍筋具体尺寸不能满足要求等。而在钢筋加工完成之后，在钢筋的板扎以及成品的保护过程中存在对应的质量问题，诸如钢筋的类型和数量等没有达到要求、钢筋垫块不充分或者是没有提前稳固，一旦在对钢筋验收通过之后将造成后续施工的质量问题，诸如混凝土浇筑移位等，将造成实际施工材料的尺寸与设计尺寸存在偏差的问题，对建筑框架的整体结构安全性造成影响。同时，在对钢筋结构进行再焊接的过程中，对框架结构的整体形状等都会造成改变，给框架整体施工质量造成影响。

钢筋工程施工技术。

充分的材料准备。对那些散乱的材料而言，要在绑扎固定之后，将之转移到那些安全稳固的地方；或者是将其保存在安装好的梁上，并将之固定在钢架之上；对于在地面堆放的材料，应该做好对应的安全管理工作，防止其滑落造成伤害；在上面覆盖油布时还应该在油布上层压上重物，并在端部加以固定。

做好焊接施工准备。在正式的焊接施工之前，应该根据对应的操作规范做好焊接试验工作，对进场的每一批钢筋都应该进行逐批次的自检。同时做好取样力学试验工作，在自检的基础之上还要对焊接的质量进行适当的抽查，尤其要对那些由疑问的钢筋做重点抽查，且需要对于各个试验和检查人员都应该进行专业技术的培养。

放样与下料施工。在进行实际施工的放样以及下料过程中，都应该留有一定的余量，这主要是考虑到焊接完成之后，在焊缝处将出现线性的收缩，且框架结构中的桁架、梁等在受到弯矩作用之后还将拱起。虽然其收缩和变形量将与其他各种因素相关，但是结合施工实践以及具体的实验来讲，通常需要考虑的收缩量是：当受弯构件的总长不超过 24m 时，放样余量在 5mm 左右，当总长在 24m 以上时，放样余量则取 8mm。

三、模板工程施工技术

多层模板支架体系施工中存在的主要问题。对于现浇混凝土结构，新浇筑的楼层重力载荷以及施工载荷都是由多层模板支架体系来承担的，然后再由模板支架体系将载荷传递给楼层的楼板。但是，在施工的过程中，由于施工时间较短，这些楼层的楼板依然处于养护期，其承受载荷的能力有限。这就导致施工载荷存在更多的不确定性，部分甚至将超过混凝土结构正常使用状态所承受的设计载荷。

模板工程施工技术。

基础模板安装。在完成垫层施工之后，应该每天定时地对水平基础依照轴线进行测量，利用基础平面尺量好各个需要的边线，并在各个暗柱角用油漆做好对应的标记，确保安装模板的过程中，完全按照各个控制边线将材料支柱固定，这样可以有效地保证模板的硬度以及稳固性，可以提高模板承受在浇筑过程中产生的施工负载以及施工载荷。同时，在垫层与模板的底部接合处应该用较细的水泥砂浆将缝隙嵌填严实，保证不漏浆。最后，应该在模板的上口拉通线进行校直，保证边线顺直。

主体结构模板施工技术。立杆是整个结构的支撑体系，施工过程中应该保证其立于坚实的平面之上，保证在安装好上层模板与支架之后能够承受对应的载荷，其不会被压垮。加之整个支模工序都是按照对应的程序进行的，在没有对之进行完全固定之前，下一道工序是不能进行的。

模板的拆除。模板在拆除的过程中要保证按照一定的顺序进行，一般是在后续支立的先拆，而最先支立的则最后拆；不承重、少承重的先拆，承重、承重大的最后拆掉；支撑部分先拆，方木模板最后拆。同时还应该将拆下的东西及时运到安全场所，防止造成伤害和损失。

四、混凝土工程技术

混凝土原材料的选择。对于所有进场的材料都应该有材料的质量保证书，混凝土尤其重要。同时，混凝土还需要包括各个不同类型的具体强度级别、包装以及出厂日期等，这些项目都需要进行严格的检查。

配合比和合理控制。通过合理的控制配合比可以达到提高水泥强度及混凝土的和易性的目的。但是，对应的造价自然会增加，且会造成混凝土体积的变化率以及用水量发生变化。所以，还应该对掺入的水泥量进行控制，水泥用量应该控制在允许范围之内。

混凝土浇筑过程。通常而言，混凝土的浇筑施工方案是需要通过审批的，对于可能出现的问题都要有对应的解决方案及策略才能保证最佳的计算结果。同时，在浇筑之前还应该对模板的位置、截面尺寸以及标高等来进行控制，保证与设计相吻合，且支撑足够牢固。

第二节　建筑工程安全监理

建筑行业在众多行业中，具有较高的危险性。而且部分建筑单位，通常只在乎成本管理，对于加强安全投入、提高安全措施、维护安全系统，却置若罔闻，这就使得在施工过程中，不重视建筑工程的安全监理工作，极大地增加了施工人员的安全风险。追根溯源，各种建筑施工事故频发，其主要原因是施工单位的安全生产意识不强、机制不够完善。而且建筑施工单位在施工过程中，对于安全管理投入少，措施不利、责任不清，且施工现场的安全没有控制到位，从而导致各类安全事故频繁发生。从当前建筑工程的施工情况来看，在施工过程中，安全监理对整个工程的施工安全起着监控的关键性作用，认真监理保证了建筑施工的正常进行。

一、建筑工程安全监理的现状

缺乏专业的安全监理人员。一般来说，安全监理在建筑施工工程中能否达到预期的效果，这与具体执行人员的专业水平和综合素质密切相关。但是从目前实际情况来看，监理人员缺少实际工作经验，这对建筑工程的安全监理工作有着一定的阻碍。此外，建筑工程的安全监理人员长期频繁流动，这就导致其业务能力极难提高，且长期处于较低水平，还有部分安全监理人员要统筹管理各方面工作，这导致其在管控施工安全工作时，出现力不从心的情况，这就使得相关的安全监理不符合国家的相关规定，且很难有序推进。

安全监理制度还有待改进和完善。当前，建筑工程的施工监理不到位，这主要是由于施工单位和监理机构缺少对自身安全工作性质的清楚认识，而且理不清自身工作所管辖的范围。相关的法律对这些内容都有明确规定，所以，目前的监理机构最首要的任务就是在有效控制施工质量和进度的同时，要控制施工安全，若无安全一切都为空谈。安全监理当前面临的最大困难，是十分缺乏专业人员，所以在具体监理时，无法按预期的计划切实推进，而且部分监理人员缺乏工作经验，在具体实施工作过程中，存在较多的问题，这样就使得施工中存在的安全隐患无法被察觉，且不能切实处理。如此一来，建筑工程施工的安全工作也无法推进，并且会给施工带来巨大安全隐患。

不重视安全监理工作。建筑工程在施工时，很多因素是无法预料的，这些因素如果没被有效控制，就会产生一定的安全隐患，建筑工程的质量也会受较大的不良影响。想排除这些安全隐患，安全监理工作就要对施工单位报审的重大危险源进行认真的辨识，并编制安全监理细则，实施和不断完善，以避免事故的发生。然而，对于施工现场的安全监理工作，一些企业并未给予足够的重视，只注重施工效益的提高。所以在施工过程中，施工单位对安全措施费用投入少，施工人员会因安全措施不到位、操作不规范而出现安全事故。还有的企业无安全管理制度，分工不明，责任有清，造成相关人员不清楚自己应该干什么，怎么干，干成什么样，工作时往往流于形式。当安全事故发生后，相关负责人无法及时找到相关责任人。如果在施工现场发生事故，后果十分严重，监理人员虽然在现场，但这些人员应有的职能常常没有被发挥出来，往往在工作中仅流于形式，安全问题未被重视。尤其是部分建筑工程在进行施工时，经常会出现一些安全问题，如脚手架搭设不稳固、电线乱接乱搭等问题。

二、加强建筑工程安全监理的有效措施

重视施工安全。若想改变建筑工程安全监理的不良现状，相关领导一定要高度关注施工现场的安全问题，要将安全始终放在第一位。要意识到监理部门的重要性，施

工要与监理工作相结合，确保施工的质量和安全都能达到最佳的状态。对于施工现场的工作人员，要给予足够的关心，改善其施工环境，使广大施工人员能有良好的工作氛围，也要掌控细节，对于各项规定和制度，要严格遵守，尽全力保证不出现安全事故。施工时要时刻坚持以人为本，要让监理人员在工作时，能充满社会责任感，激发其工作的积极性，并不断提升自己的专业技能。此外，监理人员也要认真做好本职工作，对施工现场要加强监督和管理，如果发现问题，必须立即制止，并要求有关方改正。

提高安全监理人员的素质。一般来说，监理人员的专业水平往往决定了监理质量的高低，建筑工程的施工能稳步推进，与监理人员的综合素质和技能水准有密切联系，所以应严格推进这方面工作，并认真贯彻落实，要提升监理工作人员的专业化水准和综合素质，且要对其安全管理意识不断进行增强，与此同时，加强建筑工程安全方面的法律法规的学习，应用做到正确规范。

健全安全监理制度。若要规范管理，则需要有相应的规章制度做支撑，所以制度建设是安全监理非常重要的内容之一。其主要内容包括：对人员的培训制度与审核人员的制度；还有相关的监督制度及方案规划制度，每个环节都需要制度规范，这样才能高效开展监理工作。在进行工程监理工作之前，相关安全监理人员一定要熟悉设计图纸，监理规范。实地考察勘测现场，了解现场环境，根据现场实际情况，制定合理的监理方案，编制监理细则，为具体工作指明方向。在进行具体工作时，要综合多种因素，要想确保工程的施工安全，那么相关监理人员一定要认真把握住细节，从大局出发，从而掌控整个局面。此外，相关监理人员要遵守管理准则，坚持把预防放在首位，并要贯彻落实以下几方面：①要带着积极的心态，自觉参与到安监工作中去；②要提前做好部署和规划工作；③要及时处理安全事故，且要行之有效。但是监理工作处于不断变化中，所以在具体实操时，要根据实际的环境变化，对其进行及时调整，确保行之有效。

加强建筑工程施工阶段的监理。建筑工程在进行施工时，安全监理人员必须要做好检查监督工作，在检查其进度和质量外，还要对安全生产制度和安全管理人员进行监督，对于危险系数较高的工程，要时常对其检测巡查，把可能出现的隐患部位进行准确的记录，并进行备案。此外，检查和监督施工单位是很有必要的，主要检查其具体的安全生产情况，如果有不合规范的地方，一定要立即改正，在多方的监督管理下，一定能达到工程预期的安全目标。

开展全面的安全监理工作。全面开展监理工作，把握每个环节，这样可以提高建筑工程施工现场安全监理的效果。要做好安全监理工作，就是对工程参与人员、材料、机械、方法的管理，首先要对施工方项目部人员安全资格审查，查有无安全证件。材料查出厂合格证及复试报告。机械设备查生产许可证、出厂合格证、检验报告。再查安全方案措施的编制及针对性。加强安全管理，必须采用相关的防护措施，以保证安全施工。在实际操作中，施工人员一定要注意安全，施工时要正确佩戴安保用品。施工时，在危险部位设置防护设施，如盖板、围栏、架网等，在材料的出入口和建筑物的进出口，也需要有相应的防护措施，可以设置一些警示性的安全标识，以免工作人员进入危险区域，埋下安全隐患，这也可以保障施工人员的安全。如果发生安全事故，一定要有应急预案，并且要立即启动，使损失降到最低。对于特殊工种而言，要求持证上岗并且做好相应的保护措施。

加强资料的管理。施工安全资料，作为安全监理工作开展的另一重要因素，对安全资料进行审核也是其非常重要的环节之一。资料一定要精确可靠，因为这对安全监理工作具有决定性作用。对于施工时的安全生产情况，相关监理人员要详细记录，形成专门的监理日记，且要重点关注危险性较大工程，有安全隐患的部位及易出现安全事故的区域，并做出具体的分析，这可以有效推动后续工作的开展，为今后工作提供相关经验。此外，要密切关注各种安全会议和安全报告，对其中谈到的具体问题，要仔细分析，并认真应对处理。还要将工作的汇报和总结报请建设单位，让其获悉具体情况，以便慢慢形成技术性资料，促进今后工作效率的提高。

综述之，建筑工程在施工时，安全监理是其非常重要的工作内容，在建筑行业发展现状下，人们对建筑施工的安全性问题越来越关注，所以监理人员一定要对工作保持认真的态度，对待本职工作要有责任心，保证监理工作科学合理推进，全方位提升监理工作的质量，保证安全生产，提高其管理水平，促进建筑行业的良好发展。

第三节　建筑工程的质量控制

随着生活质量的提升，人们在衣食住行方面的需求也在不断提升，建筑工程质量是当今社会共同关注的热点问题。建筑工程质量不仅关系到利益，更关系到安全问题，因此建筑工程施工团队也逐渐对工程质量有所重视。基于此，本节探究如何提高建筑工程施工质量，为相关行业工作者提供参考。

经济发展推动了城市化建设的脚步，随着国民经济的整体提升，城市化水平也在持续发展中，社会及百姓对建筑工程施工质量的需求也在不断变化，建筑工程质量控制问题公众最为关注的话题，要想保证建筑工程质量，势必要有序开展建筑工程质量控制工作。为此，需要分析影响建筑工程质量的因素有哪些，在工程施工的过程中有针对性地控制好工程质量。

一、影响建筑工程质量的因素

施工材料因素。在建筑工程施工过程中，建筑材料是必不可少的。为此，要严格把控建筑材料的质量与性能，从而保证工程的整体质量没有问题。有些企业的采购部门在为建筑工程采购材料之前，没有做好充分的准备工作，在未开展市场调研的基础上选择材料供应商，从而难以掌握建筑材料的质量与性能，容易造成采购的建筑材料与工程质量要求不符。其次，有些单位没有同材料生产生进行及时沟通，导致材料供应跟不上工程建设的步伐，从而影响了建筑工程的质量及工程整体进度。如果不严格监管建筑工程材料，在工程施工现场势必会出现施工秩序混乱、施工材料随意堆放等不良现象，如果未能科学合理地存放施工材料，在面对雨、雪、风、晒等自然天气时，势必会对建筑材料的质量及性能造成影响，最终将影响整体工程质量。

人为因素。随着建筑工程行业的迅猛发展，越来越多的技术手段被应用到建筑工程施工中。因此，建筑工程施工人员的施工技术及专业素养也被人们所重视。但从我国建筑工程施工现状分析来看，绝大多数的工程施工人员都没有接受过专业的培训，普遍都是农村到城市务工的人员，这是由于最初的建筑工程施工工作对劳动力要求较高，但是对技术方面没有过多要求，加之农民工在工程质量方面也没有较强的意识，因此在工程施工的过程中，难以有效地掌握各种先进的施工技术与施工设备。有些施工单位虽然都会为施工人员制定相关的规定与要求，但各种问题依旧会在施工过程中发生。

二、强化建筑工程质量控制的有效策略

提升质量管理，保证工程质量。在建筑工程施工的过程中，最为重要的事项就是要保证工程的质量安全问题，要提升工程施工人员的安全意识，让其在施工过程中时刻具备自我保护意识，同时要根据施工合同的条款规定，依照合同中的具体要求保证建筑工程施工质量。在建筑工程施工前期，必须要强调安全问题的重要性，掌握各项工程技术的难度，并据此重新调配施工标准，制定出科学系统的施工方案，在安全施工的前提下，保证施工的效益。在施工前要分析所有问题的可能性，并制定出相关的样板进行分析研究，一旦遇到问题，能够及时进行补救。同时，只有提高施工人员对质量控制的意识，才能真正地提高建筑工程质量，为此要不断开展相关的教育工作，改变施工人员的观念，提升其工程质量意识。

确保施工材料质量，把控设备质量。在建筑工程施工过程中，建筑工程材料与设备是最为重要的因素，通过保证施工材料质量及施工设备质量，能够达到保障建筑工程质量的效果。万丈高楼平地起，材料是建筑工程最为基础的物质条件，最终运用到

建筑工程使用中的材料性能与质量，直接决定了建筑工程的品质。因此，建筑工程单位势必要严格筛选建筑材料，要做好市场调研工作，通过多比对多分析，根据建筑工程的质量要求及具体情况，选择满足质量要求的建筑材料。此外，在挑选施工设备时，要考虑到施工现场的具体情况，根据区域而选择合适的设备。不论是选择施工材料，还是选择施工设备，负责采购的工作人员都以客观、公正的态度做出最后决定，不可因为利益关系影响最终判断。在挑选施工材料与设备供应商时，尽量与经验丰富、供货有保障、合作意识较好的商家建立合作关系，从而保证施工材料与设备的质量，保证施工材料能够得到及时供应，确保工程施工得以有序进行。

加强工程成本控制。科学合理地控制工程成本，是所有企业保证自身利益的追求，成本控制影响的不仅仅是建筑企业，也会对整个建筑行业的发展形成一定影响。因此，要从以下几个方面入手：首先，要大力宣传成本控制的重要性，从而让参与建筑工程施工的所有人员都意识到成本控制的重要性，在工程施工过程中形成节约成本的意识，并付诸实际工作中。其次，要对成本进行科学合理的分析，并制定出一套科学的成本分析体系，在建筑工程竣工后，将实际成本消耗与预算成本进行比对，找到其中存在的差异之处，并查清原因，形成完整的成本控制闭合系统，并积极调整并落实到工程实践中。最后，要考虑到工程监督费用，并保证在资金方面的支持，高度重视建筑工程质量监督。

提高全体员工教育工作。为了保证建筑工程的整体工程质量，势必要对工程施工人员加以培训与教育：①在组建施工队伍时，要从施工团队的整体性入手，避免以零散的方式招聘施工人员，从而保证整个施工队伍的团队性与默契性。②施工单位要加强施工安全教育工作，安全是第一生产力，要让施工人员意识到安全施工的重要性，从而规范自身施工行为，相互之间起到监督的作用。③施工单位要及时开展培训工作，将新颖的施工理念与技术手段传递施工人员，提升施工人员的工作质量，从而提升建筑工程整体质量。

强化工工艺技术的控制力度。首先，在建筑工程开展施工的前期阶段，要以建筑工程项目的具体情况及合同签订标准确定施工技术办法及相关注意事项，要将建筑工程工艺技术与施工质量要求有机地结合在一起，确定施工过程的整体目标与方向，从而在根本上避免由于建筑工程工艺技术问题给建筑工程埋下安全隐患。其次，要对建筑工程项目技术的控制目标与施工工艺技术注意事项进行分析，从而在施工技术方面进行及时的调整与优化，保证建筑工程的施工效果，防止在建筑工程施工过程中造成建筑工程质量监督方面发展类似的问题。要站在全局的角度，思考分析问题，掌握建筑工程施工技树的核心与关键，不断提升施工人员施工质量及施工设备质量，确保建筑工程在施工工艺技术方面的专业性与标准性，提升建筑工程质量的管控水平。

综上所述，建筑工程施工质量控制从多方面入手，首先要明确建筑工程质量受建筑材料及施工人员两方面因素影响。其次，要从以上两方面展开分析，在建筑材料质量及人员管理方面进行深入分析，提出能够保证建筑工程质量的有效对策，保证建筑工程行业得以稳健发展。

第四节　建筑工程造价的控制要点

在建筑行业快速发展的今天，工程项目经营活动控制逐渐成为建筑企业管理中的重点内容。很多建筑企业为了加强工程项目成本控制，都在进行建筑工程造价预算控制研究，对项目造价预算是否合理进行判断。在建筑工程造价预算控制过程中，建筑企业预算管理专业程度、市场发展情况与施工单位工作水平等都有可能影响到最终预算结果。因为建筑工程造价预算控制期间可能会受到多种因素影响，所以如何抓住控制要点对建筑企业非常重要。基于此，本节对建筑工程造价控制要点及其把握措施进行分析。

一、建筑工程造价控制以及相关工作流程

建筑工程造价控制。建筑工程造价其实就是对建筑工程项目各种费用的一种预想统计，是以货币为主要形式将建设工程项目所需花费费用的总和表现出来。在建筑项目的施工过程中，建筑工程造价控制工作会贯穿始终，在建筑工程项目的施工准备阶段尤为重要。建筑工程造价中最主要的组成部分就是建筑安装工程费，其主要有七大方面：人工费、材料费、施工机具使用费、企业管理费、利润、规费和税金。

建筑工程造价控制的主要工作流程。在建筑工程造价控制工作中主要包括五个方面的工作流程：投资决策、工程设计、工程招投标、建筑工程施工、建筑工程竣工。在建筑工程造价控制的实际工作中主要表现出三大特点：动态性、全面性、系统性。因此，在建筑工程造价控制中需要将其落实到各个施工环节中，并对其各环节实施监控，时刻关注影响工程造价的不利因素。

二、建筑工程造价控制存在的相关问题

在建筑工程施工过程中，预算控制、供求关系与市场环境等都会对工程造价产生影响。如何确定建筑工程造价变化范围是重点，是建筑企业预算控制中需要解决的难点问题。但从建筑企业工程造价预算控制情况来看，依然有部分企业缺少对施工过程造价管理控制的重视。比如当建筑工程施工阶段中出现施工质量没有达到设计要求问题时，便需要进行返工，从而导致工程项目预算成本偏高。从市场环境角度来看，建

筑工程造价预算控制可能会因为外部环境影响而发生变化，导致预算结果精确性不足，难以为建筑企业项目投资成本控制提供有效参考。

在建筑工程造价预算控制管理方面，管理人员专业能力和最终预算控制结果存在密切关系。当管理人员预算控制能力不足以胜任工作岗位时，便有可能导致预算编制出现问题。比如土木工程造价预算控制方面，参与人员预算编制专业水平有限，工作过程中难以抓住重心，导致工作期间容易出现预算管理问题。在工程造价预算管理方面，管理人员需要面临复杂的工程项目施工问题，考虑各种预算影响因素。预算管理人员职业道德理念容易受到周围环境与外来思想冲击，在建筑工程项目预算编制管理过程中难以做到公正，无法客观分析各种预算编制问题，甚至在预算编制过程中谋取利益。

三、建筑工程造价控制要点把握

深入了解建筑工程资料的有关信息。工程造价控制工作是建筑工程项目的重要工作，而工程造价预算编制的落实工作则是其首要工作，需要工作人员对建筑工程项目的相关资料进行深入细致的了解，并进行科学的预测。举例来说，在地下室作业的工程造价的预测工作就需要对工程的地质信息进行搜集并了解，包括对地下室土方作业中的地质状况和地下水水位高低的相关信息进行全面的搜集。不仅如此，在施工人员进行建筑工程项目进行造价编制工作之前还需要了解施工现场的情况、施工设备以及施工技术，从而保障建筑工程项目的正常工作的进行。

编制好工程造价预算。科学合理的编制工程造价概预算是有效控制工程造价的基础。预算编制人员应对现场情况详细掌握，基于工程施工组织特点综合考虑预算编制。编制前做好工程勘查报告、施工设计图纸等资料收集的前期准备，到现场深入勘察、对施工环境调查并研究施工方案，了解预算定额、取费等具体标准。对施工图纸应熟悉，对工程量及套用定额单价精确计算。在编制造价预算中，对设计图纸反复阅读直到对设计者意图深刻理解，进而对各分项编制准确预算、工程量计算，单价套用熟练，尽可能避免产生漏记、错套等失误。对价格因素客观分析，对调整价差留有一定余地。

落实全过程造价预算控制。在建筑工程造价预算控制方面，施工全过程控制属于重点预算控制内容，包括施工前预算控制、施工阶段预算控制和施工后预算控制等。在施工前预算控制方面，建筑企业首先需要进行预算编制工作，对各种预算编制内容进行制定，包括工程项目施工现场、施工图纸与施工价格等。从施工价格来看，工程项目材料、设备与人工成本费用都有可能因为市场价格变动而出现变化，从而造成预算结果与实际成本价格存在差异。因此在施工价格预算编制控制方面，预算人员需要预留部分差价空间作为调整，尽量减少预算编制误差。在建筑工程设计过程中，项目投资预算会因为项目设计变更而变动，因此工程项目预算不可避免地会出现局限性。在建筑工程施工阶段中，当施工项目出现设计变更现象时，原有预算编制内容也需要做出改变。因此，建筑企业想要加强工程造价预算编制控制，就必须注重工程造价审批过程控制，拟定的工程项目设计不可随意更改，尽量解决项目施工中各种困境，顺利完成施工计划。加强工程造价预算控制过程监督管理，避免预算管理期间存在虚假信息内容影响最终结果。

提高建筑工程预算人员的专业素质。预算人员是建筑工程项目造价预算工作的重要执行者，目前，在建筑工程造价预算工作中往往存在预算人员专业素质较低的问题，给预算工作带来了较大的影响。因此，在工程造价预算工作中就需要管理人员对预算人员的管理能力、计算分析能力、表达能力以及预算能力等各方面的工作能力进行考察。

在建筑工程项目的预算控制工作中仍然存在着许多方面的问题，给建筑工程施工工作带来了一定的影响。该项工作是一项比较复杂精细的工作，需要预算工作人员有着较高的专业素质与专心、认真、负责的品质，还需要预算人员对施工情况有一个良好的把握，并对施工项目进行合理的分析，从而降低施工工作的费用，促进建筑企业的发展与进步。

第二章 现代建筑设计原理

第一节 高层建筑设计原理

当前，我国的高层建筑外部造型设计多以追求建筑形象的新、奇、特为目标，每栋高层都想表现自己，突出自我，而这样做的结果只能使整个城市显得纷繁无序、生硬，建筑个体外部体量失衡，缺乏亲近感，拒人于千里之外。造成这种现象的主要原因是缺乏对高层建筑的外部尺度的认真仔细推敲，因此，对高层建筑的外部尺度的研究是很有必要的。

首先定义一下尺度，所谓的尺度就是在不同空间范围内，建筑的整体及各构成要素使人产生的感觉，是建筑物的整体或局部给人的大小印象与其真实大小之间的关系问题。它包括建筑形体的长度、宽度、整体与城市、整体与整体、整体与部分、部分与部分之间的比例关系，及对行为主体人产生的心理影响。高层建筑设计中尺度的确难以把握，因它不同于日常生活用品，日常生活用品很容易根据经验做出正确的判断，其主要原因有：一是高层建筑物的体量巨大，远远超出人的尺度。二是高层建筑物不同于日常用品，在建筑中有许多要素不是单纯根据功能这一方面的因素来决定它们的大小和尺寸的，例如门，本来可以略高于人的高度就可以了，但有的门出于别的考虑设计得很高，这些都会给辨认尺度带来困难。高层建筑设计时，不能只单单重视建筑本身的立面造型的创造，而应以人的尺度为参考系数，充分考虑人观察视点、视距、视角，和高层建筑使用亲近度，从宏观的城市环境到微观的材料质感的设计都要创造良好的尺度感，把高层建筑的外部尺度分为五种：城市尺度、整体尺度、街道尺度、近人尺度、细部尺度。

一、高层建筑设计中的外部尺度

（一）城市尺度

高层建筑是一座城市有机组成部分，因其体量巨大，高度很大，是城市的重要景点，对城市产生重大的影响。从对城市整体影响的角度来看，表现在高层建筑对城市天际轮廓线的影响，城市的天际轮廓线有实、虚之分，实的天际线即是建筑物的轮廓，虚的天际线是建筑物顶部之间连接的光滑曲线，高层建筑在城市天际线创造中起着重要的作用，因城市的天际轮廓线从一个城市很远的地方就可以看见，也是一座城市给一个进入它的人第一印象。因此，高层建筑尺度的确定应与整个城市的尺度相一致，而不能脱离城市，自我夸耀，唯我独尊，不利于优美、良好天际线的形成，直接影响到城市景观。高层建筑对城市局部或部分产生的影响，是指从市内比较开阔的地方，如：广场、道路、开放的水系和绿地所看到的天际线，会直接影响人民的日常生活。因此，城市天际轮廓线不仅影响人从城市外围所看的景观，也直接影响到市内居民的生活与视觉观赏。高层建筑对城市各构成要素也产生重大的影响，高层建筑的位置、高度的确定，也应充分地考虑该城市尺度、传统文化，不当的尺度会对城市产生不良的影响，改变了城市传统的历史文化，也改变了原来城市各构成要素之间有机协调的比例关系。

（二）整体尺度

整体尺度是指高层建筑各构成部分，如：裙房、主体和顶部等主要体块之间的相互关系及给人的感觉。整体尺度是设计师十分注重的，关于建筑的整体尺度的均衡理论有许多种，但都强调整体尺度均衡的重要性。面对一栋建筑物时，人的本能渴望是能把握该栋建筑物的秩序或规律，如果得到这一点，就会认为这一建筑物容易理解和掌握，若不能得到这一点，人对该建筑物的感知就会是一些毫无意义的混乱和不安。因此，建筑物的整体尺度的掌握是十分重要的，在设计时要注意下面的两点：

各部分尺度比例的协调高层建筑一般由三个部分组成的——裙房、主体和顶部，也有些建筑在设计中加入了活跃元，以使整栋建筑造型生动活跃起来。一个造型美的高层建筑是建立在很好地处理了这几个部分之间的尺度关系，而这三个部分尺度的确定，应有一个统一的尺度参考系（如把建筑的一层或几层的高度作为参考系），不能每一部分的尺度参考系都不同，这样易使整个建筑含糊、难以把握。

高层建筑中各部分细部尺度应有层次性高层建筑各部分细部尺度的划分是建立在整体尺度的基础上的，各个主要部分应有更细的划分，尺度具有等级性，才能使各个部分造型构成丰富。尺度等级最高部分为高层建筑的某一整个部分（裙房、主体和顶部），最低部分通常采用层高、开间的尺寸、窗户、阳台等这些为人们所熟知的尺寸，使人们观察该建筑时很容易把握该部分的尺度大小。一般在最高和最低等级之间还有1～2个尺度等级，也不易过多，太多易使建筑造型复杂而难以把握。

（三）街道尺度

街道尺度是指高层建筑临街面的尺度对街道行人的视觉影响。这是人对高层建筑近距离的感知，也是高层建筑设计中重要的一环。临近街道的高层建筑部分的尺度确定，主要考虑到街道行人的舒适度，高层建筑主体因为尺度过大，易向后退，使底层的裙房置于沿街部分，减少了高层建筑对街道的压迫感。例如：上海南京路两边的高层建筑置于后面，裙房置于前使两侧的建筑高度与街道的宽度的比例为 1 ： 12，形成良好的购物环境。为了保持街道空间及视觉的连续性，高层建筑临街面应与沿街的其他建筑相一致，宜有所呼应。如：在新加坡老区和改建后的一条干道的两侧，为了不致造成新区高层和老区低层截然分开，沿新区一侧作了和老区房屋高度相同中相似的裙房，高层稍后退，形态效果良好的对话关系。

（四）近人尺度

近人尺度是指高层建筑最底部分及建筑物的出入口的尺寸给人的感觉。这部分经常为使用者所接触，也易被人们仔细观察，是人们对建筑直接感触的重要部分。其尺度设计应以人的尺度为参考系，不宜过大或过小，过大易使建筑缺少亲近性，过小则减小了建筑的尺度感，使建筑犹如玩具。

在近人尺度处理中，应特别注意建筑底层及入口的柱子、墙面的尺度划分，檐口、门、窗及装饰的处理，使其尺度感比以上几个部分更细。对入口部分及建筑周边空间加以限定，创造一个由街道到建筑的过渡缓冲的空间，使人的心理有一个逐渐变化的过程。如：上海图书馆门前采用柱廊的形式，使出入馆的人有一个过渡区，这样使建筑更具有近人及亲人性。

（五）细部尺度

细部尺度是指高层建筑更细的尺度，它主要是指材料的质感。在生活中，有的事物我们喜欢触摸，有的事物我们不喜欢触摸——我们通过说"美妙"或"可怕"来对这些事物做出反应，形成人的视觉质感，建筑设计师在设计过程中要充分运用不同材料的质感，来塑造建筑物，吸引人们亲手去触摸或至少取得同我们眼睛的亲近感，或者换言之，通过质感产生一种视觉上优美的感觉。勒·柯布西埃在拉托尔提建造的修道院是运用或者确切地说是留下大自然"印下"的质感的优秀典范，这里的质感，也就是用斜撑制作在混凝土上留的木纹。

二、高层建筑外部尺度设计的原则

（一）建筑与城市环境在尺度上的统一

注意高层建筑布置对城市轮廓线的影响，因为在城市轮廓线的组织中，起最大作用的是建筑物，特别是高层建筑，因而它的布置应遵行有机统一的原则进行布置：①高层建筑聚集在一起布置，可以形成城市的"冠"，但为避免其相互干扰，可以采用一系列不同的高度，或虽采用相仿高度，但彼此间距适当，组成有关的构图。也可以单栋高层建筑布置在道路转弯处，以丰富行人的视觉。②若高层建筑彼此间毫无关系，随时随地而起不到向心的凝聚感，则不会产生令人满意的和谐整体。③高层建筑的顶部不应雷同或减少雷同，因为这会极大影响轮廓线的优美感。

（二）同一高层建筑形象中，尺度要有序

高层建筑设计时，应充分考虑建筑的城市尺度、整体尺度、街道尺度、近人尺度、细部尺度这一尺度的序列，在某一尺度设计中要遵守尺度的统一性，不能把几种尺度混淆使用，才能保证高层建筑物与城市之间、整体与局部之间、局部与局部之间及与人之间保持良好的有机统一。

（三）高层建筑形象在尺度上须有可识别性

高层建筑物上要有一些局部形象尺度，能使人把握其整体大小，除此之外，也可用一些屋檐、台阶、柱子、楼梯等来表示建筑物的体量。任意放大或缩小这些习惯的认知尺度部件就会造成错觉，效果就不好。但有时往往要利用这种错觉来求得特殊的效果。

高层建筑的外部尺度影响因素很多，设计师在设计高层建筑中充分地把握各种尺度，结合人的尺度，满足人的使用、观赏的要求，必定能创造出优美的高层建筑外部造型。

第二节 生态建筑设计原理

生态建筑的设计与施工必须建立在保护环境、节约能源、与自然协调发展的前提下。设计人员应在确定建筑地点后，针对施工地点的实际状况因地制宜地开展设计工作，在保证建筑工程质量以及使用寿命的前提下，满足建筑绿色化、节能化与可持续发展的要求。本节对生态建筑做了简单概述，重点对生态建筑设计原理及设计方法进行了分析，希望对相关工作有所帮助。

生态建筑是一门基于生态学理论的建筑设计，其设计的主要目的是促进自然生态和谐，减少能源消耗，创建舒适环境，提高资源利用率，营造出适合人与自然和谐共处的生存环境。现如今，生态建设作为一种新兴建筑方式备受人们关注，具有绿色低碳的建筑理念及较高水平的节能环保作用。生态建筑设计的普遍应用顺应时代发展的潮流，符合现代化建设的需求，使建筑归于自然，建设和谐的建筑环境。

生态建筑作为一种新兴事物，综合生态学与建筑学概念，充分结合现代化与绿色生态建设理念，是典型的可持续发展建筑。在进行生态建筑设计时，需要充分考虑人与自然及建筑的和谐，基于建筑的具体特征，综合分析周边环境，采用生态措施，利用自然因素，建设适于人类生存和发展的建筑环境，加强生态资源的利用率，降低能

源的消耗，改善环境污染问题。生态建筑源于人们日常生活中的所聚集的所有意识形态和价值观，更加突出生态建设所具有的较强的社会性。

一、生态建筑设计原理

（一）自然生态和谐

尽人皆知，建筑工程的施工会对自然造成较大的破坏。在工程竣工及日后的实际使用中还会继续加大对环境的污染，从而导致生活环境的恶化。所以，在进行生态建设时，我们需要高度重视建筑设计，严格监控工程施工，把施工中对环境的破坏降到最低，减少对建筑的能源消耗，保护环境。善于利用自然因素，通过对阳光的充分利用，可以降低在施工中对照明设备的使用率，灵活地利用建筑中的水池以及喷水系统充当制冷设备，当然，在开展建筑设计的过程中，要注意预留通风口位置，确保建筑与设备及时的通风，保持建筑设计的室内外空气流通。

（二）降低能源消耗

生态建筑是现代化发展的产物，是人类生活必不可少的生存环境，在生态建筑设计中最关键的部分就是节能。生态建筑设计是基于各项设施功能正常运行的情况下，最大限度地减少施工过程中的资源浪费现象，提高资源的利用率。在进行生态建筑设计的过程中，要尽可能地减少无用设计，避免因过度包装而产生的浪费现象。有效利用自然能源，通过对生物能及太阳能等能源的利用，来降低能源消耗，避免因能源大规模消耗而导致的环境污染。

（三）环境高度舒适

用户的实际居住效果是评判生态建筑是否符合要求的关键。在进行生态建筑设计时，必须充分满足使用者对建筑舒适度的要求，使设计的建筑不只是没有生命的物体，还可以抒发人们的情怀。所以，在实际的生态建筑设计过程中，必须以使用者的舒适与健康为主要原则，设计舒适度高且生态健康的建筑。要想创造舒适度高的环境，前提就是保证建筑物各区间功能的高度完整，可以更加方便使用者的生产生活。除此之外，必须充分确保建筑物内的光线充足，保证建筑的内部温度以及空气的湿度适宜人们居住。

二、生态建筑设计方法

（一）材料合理利用的设计方法

生态建筑具有明显的绿色建筑系统机制，通过对旧建筑材料的回收再利用，最大限度地降低材料浪费现象，减小污染物的排放量，符合绿色生态理念。在建筑拆迁中，所产生的木板、钢铁、绝缘材料等废旧建筑材料经过一系列处理可供新建筑工程再次利用，在符合设计理念及要求的前提下，科学合理地使用再生建筑材料。可再生材料的应用，可以在一定程度上减轻投资负担，节约建筑成本，避免因过度开采造成的生态问题，把建筑施工对环境的破坏降到最低，营造绿色的生态环境。

（二）高效零污染的设计方法

高效零污染是一种节能环保的设计方法，针对生态建筑在节能方面的作用，在充分确保建筑基础功能的情况下，最大限度地减少材料的使用，提高资源利用率。善于利用自然因素，通过对自然资源的有效使用，来降低矿物资源的使用率。近年来，人们的观念在不断转变，以及新能源在国家的推行，太阳能被广泛应用于建筑之中，人们通过对太阳能利用实现降温、加热等目的。还可以通过对物理知识利用，实现热传递，保持建筑的空气流通，进而加大调控室内环境力度，为使用者提供舒适环境的同时达到节能环保的效果。

（三）室内设计生态化的设计方法

在生态建筑理念的影响下，室内设计必须根据资源及能源的消耗，设计出节能环保且比较实用的生态建筑，防止资源的过度消耗。与此同时，还应该控制装饰材料的使用量，规定适宜且合理的装饰所需成本。与此同时，在室内设计过程中还应该添加绿色设计，可以通过植物的吸收特性，来降低空气中的二氧化碳、甲醛等气体的含量，改善空气质量，打造适宜人们居住的环境。绿色设计的加入，还具有装饰效果，可以应用到阳台及庭院的设计中。

（四）结合地区特征科学布局的设计方法

在生态建筑设计过程中，需要充分考虑当地的地区特点及人文特征。建筑设计以建筑周边环境为基础开展生态建设工作，使自然资源得到充分有效的循环运用。在进行生态建筑设计时，需要在确保不破坏周边环境的情况下，设计出具有地域特色的生态建筑。结合天然与人工因素，改善人们的生活环境，控制或者避免自然环境破坏现象，营造人与自然和谐共处的生态环境。

（五）灵活多变的设计方法

灵活多变的设计方法是生态建筑设计的重要方法，可以选择出更适合的建筑材料。在进行生态建筑设计过程中，如何挑选建筑材料是建筑合理性的重要条件。设计师在进行生态建筑设计时，需要熟知所有建筑材料的使用情况，除此之外，需对四周环境进行了解，以此为依据选择出最合适的建筑材料，来保证建筑的节能环保效果。加大废旧建筑材料的循环利用，解决耗能问题。为实现生态建设的可持续发展，在选择和利用建筑材料方面有了越来越高标准，建筑材料的选择与生态建筑设计的各个方面息息相关。如为减少太阳辐射，设计师可以加入窗帘以及水幕等构件，把建筑内部温度控制在合理范围内，维持空气湿度的平衡，确保所设计的建筑适宜居住，大大降低风扇的使用率，达到节能的效果。

　　总之，通过对生态建筑设计原理与设计方法的了解，得出了只有以自然生态和谐、降低能源消耗、环境高度舒适为依据，采取合理利用材料、高效零污染、生态化室内设计、使用清洁能源、灵活多变的设计方法，才能创造出科学的生态建筑设计。生态建筑设计作为一种新兴事物，顺应新时代发展的潮流，符合生态文明建设的要求，对促进人与自然和谐共处具有积极的促进作用。生态建筑所具有的绿色特性，使更多人开始关注绿色技术。生态建设设计要求以人为本，致力于打造符合各类人群需求的居住环境，从国情出发，本着可持续性原则，加强人们的生态环保意识，设计出具有生态效益的建筑。

第三节　建筑结构的力学原理

　　随着建筑业的发展，人们的生活水平也水涨船高，从古时的木屋到如今的高楼林立，人们在不断地享受着建筑行业带来的伟岸成果。建筑行业的发展不管方向如何都离不开一个宗旨，那就是以安全为第一要务。而建筑的结构形式必须满足对应的力学原理，才能保证建筑物的稳固与安全。

　　建筑行业的发展带动了各大产业链的发展，形成了一个经济圈，可以说建筑行业支撑着我国的经济发展。随着时代的发展，人们对建筑的要求更增加了审美观念、环保理念，不管是美轮美奂的园林式建筑还是朴实无华的民用建筑都离不开力学原理的支撑，安全第一是建筑行业自始至终所坚持的第一要务，这就给建筑工程师和结构工程师提出了技术要求。

一、建筑结构形式的发展过程

　　我国的建筑结构形式可追溯到五十万年的前旧石器时代，即建筑业的雏形即构木为巢的草创阶段。随着时间的推移，人类文明的进步，建筑业也在不断发展创新，由木结构建筑发展到了以砖石结构为主的新阶段，我国的万里长城就是该阶段的最为主要的代表，以砖、石为主要材料，经千年而不毁，其坚固程度可想而知，被誉为世界八大奇迹之一。随着西方文化的传入，结合我国传统文化、建筑业的发展，迎来了梁、板结构的发展与成熟期，尤其是到了明清时期各类建筑物如雨后春笋般破土而出，各式的园林、佛塔、坛庙、以及宫殿、帝陵纷纷采用了梁、板的结构形式。建筑行业随着人类文明的发展在不断地进行着质的变化，更加推动了人类经济的发展历程。

二、建筑结构形式的分类

（一）根据材料进行分类

在进行工程建筑时根据所使用的材料不同可将建筑结构分为五类：以木材为主的结构形式，即在建筑过程中使用的基本都是木制材料。由于木材本身较轻，容易运输、拆装，还能反复使用，使用范围广，如在房屋、桥梁、塔架等中都有使用，近年来胶合木的出现，再次扩大了木质结构的使用范围，在我国许多休闲地产、园林建筑中都以木质结构为主；混合结构，在进行建筑工程材料配置过程中，承重部分以砖石为主，楼板、顶以钢筋混凝土为主，而这种结构大多在农村自家住房建筑中多见；以钢筋混凝土为主的结构形式，该种结构形式的承重力比较强，多用于高层建筑。以钢与混凝土为主的结构形式，这种结构形式的承重能力是此五种形式当中承重能力最强的，适用于超高层的建筑工程当中。

（二）根据墙体结构进行分类

按照墙体的不同可将建筑结构形式主要分为以下四类：主要使用于高楼层、超高楼层建筑中的全剪力墙结构和框——结构；用于高楼层建筑中的框架——剪力墙结构；使用于超高楼层建筑中的简体结构和框——支结构；主要使用于大空间建筑和大柱网建筑的无梁楼盖结构。

三、建筑结构形式中所运用的力学原理

从建筑业的发展史来看，不管建筑行业的结构形式、设计重心如何变化，不管是以美观为建筑方向，还是以朴实安全为方向，都有一个共同的特点是不变的，就是保证建筑工程的安全性，以给人们舒适的生活环境的同时保证人们的生命财产安全为目的。在进行建筑设计时，安全性与力学原理是密不可分的，结构中的支撑体承受着荷载，而外荷载则会产生支座反力，对建筑结构中的每一个墙面都会产生一定的剪力、压轴力、弯矩、扭曲力。而在实际的施工过程中危险性最强的是弯矩力，当弯矩力作用在墙体上时，所施力量分布并不均匀，会使一部分建筑材料降低功能性，从而影响到整个建筑的安全性，严重者会直接导致建筑物的坍塌。因此，在建筑工程进行规划设计和施工过程当中，都要将力学原理运用到位，精细、准确地计算出每面墙体所要承受的作用力，在进行材料选择时，一定要以力学规定为依据，保证所用材料的质量绝对过关，达到建筑工程的最终目的。

四、从建筑实例分析力学原理的使用

（一）使用堆砌结构的实例

堆砌结构是最古老也是最常见的一种建筑结构形式，其使用和发展历程对人类的历史文明贡献出了不可替代的作用。其中最为著名、最令人惊叹的就是公元前 2690 年左右古埃及国王为了彰显其神的地位所建造起的胡夫金字塔。金字塔高达 146.5m，底座长约 230m，斜度为 52°，塔底面积为 52900m²，该金字塔的塔身使用了近 230 万块石头堆砌而成，每块石头的平均重量都在 2.5t 左右，最大的石头重约 160t。后来经过专业人士的证实，金字塔在建造的过程中没有使用任何沾着物，由石头一一堆叠而成，在建筑结构中是最典型的堆砌结构形式，所使用的力学原理就是压应力，使其经过了四千多年的风雨历程依然屹立不倒。这种只使用压应力原理的建筑结构形式非常的简单，是建筑结构发展的基础，但是因为不能将建筑空间充分地利用起来，不能满足社会发展的需求，在进行建筑过程中逐渐引进了更多新的力学原理。

（二）梁板柱结构的使用案例

梁板柱结构使用的主要材料就是木制材料，随着时代的发展，在很多的建筑工程中需要使用弯矩，而石材本身承受拉力的强度过低，而无法完成建筑任务。由于木制材料的韧性比较强，可以承受一定程度的拉力和压力从而被大面积使用。我国的大部分宫殿、园林建筑都是采用的梁板柱结构形式，如建于公元 1420 年的故宫，是我国乃至世界保存最完整、规模最宏大的古皇宫建筑群，其建筑结构就是采用的梁板柱形式。从门窗到雕梁画栋皆是以木制材料为主，将我国传统的建筑结构形式使用得淋漓尽致。该建筑采用的力学原理是简支梁的受弯方式，在我国的建筑业中发挥了极为重要的作用。但是由于木材本身不耐高温极易引发火灾、又容易被风化侵蚀，极大地缩短了建筑物的使用寿命和安全性。

（三）桁架和网架的使用案例

该结构的形成是随着钢筋水泥混凝土的出现而得到的发展。从力学原理来分析，桁架和网架的结构形式可以减少建筑结构部分材料的弯矩，对于整体弯矩还是没有作用力，在建筑业被称为改良版的梁板柱结构，所承受的弯矩和剪力并没有因为结构形式的变化而产生变化，整体的弯矩更是随着建筑物跨度的加大而快速加大，截面受力依旧是不均匀，内部构件只承受轴力，而单独构件承载的是均匀的拉压应力。此改变让桁架和网架结构比梁板柱结构更能适应跨度的需求。北京鸟巢就是运用了桁架和网架的力学原理而建造成的。

（四）拱壳结构、索膜结构的使用案例

随着社会生产力的不断提高，人们对建筑性质、质量有了更多的需求，随之而来的是建筑难度的不断增加，需要融入更多的力学原理才能满足现代社会对建筑的需求。拱壳结构满足了社会发展对建筑业大跨度空间结构的需求。拱壳结构所运用的是支座水平反力的力学原理，通过对截面产生负弯矩从而抵消荷载产生的正弯矩，能够覆盖更大面积的空间，如1983年日本建成的提篮式拱桥就是运用拱壳结构的力学原理，造型非常美丽。但由于荷载具有变异性，制约了更大的跨度，而索膜结构的力学原理更为合理，可将弯矩自动转化成轴向接力，成为大跨度建筑的首选结构形式。如美国建成的金门悬索桥，日本建成的平户悬索桥都是运用的索膜结构的力学原理。

建筑结构形式的发展告诉我们不管使用什么样的建筑形式都需要受到力学原理的支撑，最终目标都是保证建筑的安全性。在新时代背景下发展的建筑结构形式同样离不开力学原理的运用，力学原理是一切建筑的理论与基础，只有将力学原理科学合理地使用，才能保证建筑工程的安全性。

第四节　建筑设计的物理原理

本节较为详细地阐述了光学、声学、热学等物理原理知识在建筑中的实际应用。通过分析一些物理现象，例如，利用光在建筑材料上反射后的特性，使室内外的光学环境达到满足人类舒适度的要求；建筑上的声学则要求房间的设计形状要合理并且要选用合适的材料，这样才能较好地保证绝佳的隔音效果，使建筑的性能达到最佳；而对建筑物内的温度来说，墙面、地面或者桌椅板凳等人类经常接触到的地方，则应该挑选符合皮肤或者四季温度变化的建筑材料，才不至于在外界环境变冷变热时让人感到不适；另外，在建筑物遭受雷击的威胁时我们可以利用静电场的物理原理俗称避雷针来防止建筑物遭受雷击。

物理学是一门基础的自然学科，即物理学是研究自然界的物质结构、物体间的相互作用和运动一般规律的自然科学。尤其是在日常生活中，物理学原理也是随处可见，如若无法正确地理解这些物理学知识，就无法巧妙地运用这些物理学知识，也不可能自如地运用于建筑上来。其实，在建筑设计中，许多看似复杂的问题都能够运用物理原理来解释。建筑学是一门结合土木建设和人文的学科。本节主要针对物理原理在建筑设计中的应用进行分析，为以后建筑设计工作提供一定的参考。建筑物理，顾名思义是建筑学的组成部分。其任务在于提高建筑的质量，为我们创造适宜的生活和工作学习的环境。该学科形成于20世纪30年代，其分支学科包括：①建筑声学，主要研究建筑声学的基本知识、噪声、吸声材料与建筑隔声、室内音质设计等内容；②建筑

光学、主要研究建筑光学的基本知识、天然采光、建筑照面等问题；③建筑热工学，研究气候与热环境、日照、建筑防热、建筑保温等知识。

一、物理光学在建筑中的应用

调查显示，随着社会对创新型人才的大力需求，我国也紧随世界潮流将培养学生具有创新精神的科研能力来作为教育改革方案的重点。而物理学原理的应用正需要这种创新精神才能够更好地运用于建筑学中。这也提醒了我们的当代教育培养创新人才的必要性。其实在生活中利用太阳能进行采暖就属于物理学原理在建筑中比较成功的设计。这种设计也有效促进资源节约型社会的建设，符合社会发展的理念。太阳能资源是一种可持续利用的清洁能源，被广泛使用，因其使用成本很低，只需要有阳光照射即可，安全性能高，环保等优点广泛被采用。在现代建筑的能源消耗中占有很大的比例，基本上已经覆盖了大部分地区。这是物理原理在建筑中经典的案例，很值得我们来借鉴经验。

二、物理声学在建筑中的应用

现代生活中我们无时无刻不面对建筑，各种商场、办公楼、茶餐厅等等，这些建筑的构思与完善很多都运用了物理学原理，当然还有其他的技术支持。越高规格的建筑对相关物理现象的要求越苛刻，越精细。比如各个国家著名的体育馆或者歌剧院等，这些地方对建筑声学的要求极为严格，因为这直接影响观众的视觉体验与听觉感受。这些建筑内所采用的建筑装饰材料都对整体的声学效果有很大影响。再比如我们最常见的隔音装置，如果一栋建筑内的隔音效果特别差，相信也不会得到别人的青睐吧。比如，生活中高楼上随处可见的避雷针，是用来保护建筑物、高大树木等避免雷击的装置。在被保护物顶端安装一根接闪器，用符合规格的导线与埋在地下的泄流地网连接起来。当出现雷电天气是避雷针就会利用自己的特性把来自云层的电流引到大地上，从而使被保护物体免遭雷击。不得不说避雷针的发明帮助人类减少了许多灾害。假使没有物理学原理作铺垫，建筑物即使设计工作做得再好也只是徒劳的，两者结合起来才会相得益彰，共同为人类进步发展做贡献。这应该是物理原理在建筑中应用的成功案例，也是今后人类应该奋斗的动力或者榜样。

三、物理热学在建筑中的应用

实践证明了自然光和人工光在建筑中如果得到合理的利用，可以满足人们工作、生活、审美和保护视力等要求。此外热工学在建筑方面的应用，主要考虑的是建筑物在气候变化和内部环境因素的影响下的温度变化。建筑热学的合理利用能够通过建筑规划和设计上的相应措施，有效地防护或利用室内外环境的热湿作用，合理解决建筑和城市设计中的防热、防潮、保温、节能、生态等问题，以创造可持续发展的人居环境。像一个诺贝尔奖的得主所说的："与其说是因为我发表的工作里包含了一个自然现象的发现，倒不如说是因为那里包含了一个关于自然现象的科学思想方法基础。"物理学被人们公认为一门重要的科学，在前人及当代学者不断地研究中快速地发展、壮大，并且形成了一套有思想的体系。正因为如此，物理学当之无愧地成了人类智能的象征，创新的基础。许多事实也表明，物理思想与原理不仅对物理学自身意义重大，而且对整个自然科学，乃至社会科学的发展都有着无可估量的贡献。建筑学就是个很好的应用。有学者统计过，自20世纪中叶以来，在诺贝尔奖得奖者中，有一半以上的学者有物理学基础或者学习背景；这也间接说明了物理学对于我们的不管是生活还是研究都有很大的帮助。这可能就是物理学原理的潜在的力量。而建筑学如果离开了物理学那么也将在世界上不会有那么多的优秀作品出现了。我国著名的建筑学家梁思成可以建造出那么多不朽的建筑和他自身的物理学基础密不可分。

综上所述，建筑中的物理学原理主要体现在声学、光学以及热工学等方面。合理的热工学设计能使建筑内部更具有舒适感，使建筑本身的价值最大化。至于在光学方面，足够的自然光照射是必需的条件，也就是俗称的采光问题，同时建筑内各种灯光的合理设置也是必需的。两者互补才能在各种情况下都能保证建筑内充足的光源。还有就是声学方面，这是一个十分重要的因素。许多公共场所对光学和声学的要求很高，所以建筑物理学的应用还是很普遍的，生活中随处可见。建筑物理学也特别重视从建筑观点研究物理特性和建筑艺术感的统一。物理原理在建筑中的应用也是人类发展史上的具有重要意义的发现，以后的发展一定会更好的。

第五节　建筑中地下室防水设计的原理

本节阐述了民用建筑中地下室漏水的主要原因，介绍了民用建筑中地下室防水设计的原理，对民用建筑中地下室防水设计的方法进行了深入探讨，以供参考。

随着地下空间的开发，地下建筑的规模不断扩大，地下建筑的功能逐渐增多，同时对地下室的防水要求也随之提高。在地下工程实践中，经常会遇到各种防水情况和问题需要解决。

一、民用建筑中地下室漏水的原因

（一）水的渗透作用

一方面，由于民用建筑中的地下室多在地面之下，这无疑会使得土壤中的水分以及地下水在一些压力和重力的作用下，逐渐在地下室的建筑外表面聚集，并逐渐开始向地下室的建筑表面浸润，当这些水的压力使其穿透地下室建筑结构中的裂缝时，水就开始向地下室渗透，导致地下室出现漏水的现象。另一方面，由于下雨或者地势低洼等因素所造成的地表水在民用建筑地下室的外墙富集，随着时间的推移，在压力的作用和分子的扩散运动作用下，也会使得其对地下室的外墙形成渗漏，久而久之造成地下室漏水。

（二）地下室构筑材料产生裂缝

地下室外四周的围护建筑，绝大多数是钢筋混凝土结构。钢筋混凝土的承压原理来自其自身产生的细小裂缝，通过这些微小的形变来抵消作用在钢筋混凝土表面的作用力。这种微小的裂缝虽然并不起眼，但是对于深埋地下的地下室围护建筑而言，是无法防止地下水无处不在的渗透的。此外，由于受到物体热胀冷缩原理的影响，地下室围护建筑中的钢筋混凝土在收缩时会产生收缩裂缝，这是无法避免的。这些裂缝就会使无孔不入的水进入地下室的通道，造成地下室渗透漏水。

（三）地下室的结构受到外力发生形变

在地质运动等外力的影响和作用下，地下室的结构会发生形变，其结构遭到破坏，失去防水作用，造成漏水现象。

二、民用建筑中地下室防水设计的原理

通过对造成民用建筑地下室出现渗水、漏水的因素进行分析以后，可知水的渗透和地下室结构由于各种复杂因素产生的裂缝是其漏水的主要原因，因此在对地下室进行防水设计时，就要消除或减小这些因素的影响。由于地下室所处的空间位置和地球重力因素的影响，地下室围护建筑表面水分聚集时很难改变的，因此我们需要将对民用建筑地下室防水的重点放在对其附近的水分进行疏导排解以及减少其结构形变和产生的裂缝上。因此，在民用建筑中地下室防水设计就是对地下室建筑表面的水分进行围堵和疏导。所谓地下室防水设计中的"围堵"，首先是在地下室建造的过程中，要对其所设计的建筑进行不同层级的分类，并根据《地下工程防水技术规范》（GB50108-2008）对民用建筑地下室防水的要求，明确地下室的防水等级，然后再确定其防水构造。因此，其防水设计的原理主要是对地下室主体结构的顶板、地板以及围护外墙采取全

包的外防水的手段。而对地下室防水设计中的"疏导"而言，其主要原理就是通过构筑有效的排水设施，将聚集在地下室建筑外围表面的水进行有效疏导，给出其渗透出路，降低其渗透压力，进而减轻其对地下室主体建筑的渗透和破坏，并通过设备将这些水分抽离地下，使其远离地下室的围护建筑。

三、民用建筑中地下室防水设计的方法

（一）合理选用防水材料

就民用建筑而言，最常用的防水材料主要有防水卷材、防水涂料、刚性防水材料和密封胶粘材料等四种类型。防水卷材又包括了改性沥青防水卷材和合成高分子卷材两种。一般来说，防水卷材借助胶结材料直接在基层上进行粘贴，其延伸性极好，能够有效预防温度、振动和不均匀沉降等造成的变形现象，整体性极好，同时工厂化生产可以保证厚度均匀，质量稳定；防水涂料则主要分为有机和无机防水涂料两种。防水涂料具备着较强的可塑性和黏结力，将其在基层上直接进行涂刷，能够形成一层满铺的不透水薄膜，其具备着极强的防渗透能力和抗腐蚀能力，且在防水层的整体性、连续性方面都比较好；刚性防水层是指以水泥、砂石为原材料，掺入少量外加剂，抑制或调整孔隙率，改变孔隙特征，形成具有一定抗渗能力的水泥砂浆混凝土类防水材料。

（二）对民用建筑地下室进行分区防水

在民用地下室防水设计的实际工作中，可以采取分区防水的方法进行防水。这种方式主要是根据地下室的形状和结构将地下室进行分区隔离，使其形成独立的防水单元，减少水在渗透某一区域后对其他区域的扩散和破坏。比如对于一些超大规格的民用建筑的地下室，可以采取分区隔离的防水策略，以便减少地下室漏水造成的破坏。

（三）使用补偿收缩混凝土以减少裂缝

在民用建筑地下室的防水设计中，可以采取使用补偿收缩混凝土的方式来减少混凝土因热胀冷缩所产生的裂缝，从而进行有效防水。补偿收缩混凝土则会用到膨胀水泥来对其配制，比如使用水工用的低热微膨胀水泥，常用的明矾石膨胀水泥以及石膏矾土膨胀水泥等。在民用建筑地下室的实际设计中可以采用 UEA-H 这种高效低碱明矾石混凝土膨胀剂，它可以有效提高民用建筑地下室的抗压强度，且对钢筋没有腐蚀，可以有效减少混凝土产生的裂缝，实现地下室的有效防水。

（四）加强地下室周围的排水工作

在民用建筑地下室的防水设计中，要结合地下室的实际构造和周围的环境，加强对地下室周围的排水工作，将地下室周围的渗水导入预先设置的管沟，并随之导向地

面的排水沟将其排出，从而减少渗水对于地下室的结构的压力和破坏，实现地下室的有效防水。

（五）细部防水处理

在民用建筑地下室的防水设计中，其周遭的防护都是采用混凝土进行施工的。因此在对混凝土施工过程中，要做好其细部防水的工作。比如在穿墙管道时，对于单管穿墙要对其进行加焊止水环，而如果是群管穿墙，则必须要在墙体内预埋钢板；比如在混凝土中预埋铁件要在端部加焊止水钢板；比如按规范规定留足钢筋保护层，不得有负误差，防止水沿接触物渗入防水混凝土中。

综上所述，在民用建筑实际的施工过程中，地下室的规模不断扩大，其所占的建筑面积和所需要的空间也不断加大，其深度也不断加深，这在无形之中加大了地下室建筑施工的技术难度，同时也增加了地下室漏水的风险。防水工程是个系统工程，从场地的选址、建筑规划开始就应有相关防水概念贯穿其中，避开不利区域，为建筑防水控制好全局；设计师应在具体设计时合理选用防水措施，控制好细节构造，将可能的渗漏隐患降到最低；施工阶段则要严格按照施工工序，保质保量完成施工任务。只有多方面管控协助，才能做出完美的防水工程。

第六节　建筑设计中自然通风的原理

在设计住宅建筑的过程中，设计人员既要考虑住宅建筑的设计质量和设计效果，也应充分考虑住宅建筑的设计是否具有舒适性。设计人员要以居民为主，设计出较为合理的住宅建筑，这样才能为人们提供优质的居住空间。自然通风对人们的生活颇为重要，保证住宅内自然通风，可以有效地改善室内的空气质量，让人们的居住环境更加温馨，而且实现住宅内自然通风也可以节省能源，并对环境起到一定的保护作用。因此，本文将对住宅建筑设计中自然通风的应用进行深入的研究。

人们生活水平的不断提高，人们对建筑物室内的舒适度的要求也越来越严格。建筑物的自然通风效果的好坏会直接影响到人的舒适度。因此，对建筑物自然通风的设计尤为重要。深入对建筑物自然通风设计的思考，剖析建筑物自然通风的原理，使传统风能相关原理及技术与建筑物的设计相结合，达到建筑物自然通风的最佳化。

一、自然通风的功能

（一）热舒适通风

热舒适通风主要是通过空气的流通加快人体表面的蒸发作用，加快体表的热散失，从而对建筑物之内的人类起到降温减湿作用。这种功能与我们夏天吹电风扇的功能类似，但是由于电风扇的风力过大，且风向集中，对于人体来说非常不健康。通过自然通风的方式可以通过空气的流通较为舒缓地加快人体的体表蒸发，尤其是在潮湿的夏季，热舒适通风不仅可以降低人体的温度，还可以消除体表潮湿的不舒适感。

（二）健康通风

健康通风主要是为建筑物之内的人类提供健康新鲜的空气。由于建筑物内属于一个相对密封的环境，再加上有各种人类活动，导致其中的空气质量较差。或者一些新建的建筑物，所使用的建筑材料当中本来就含有较多的有害物质，如果长时间不进行空气流通，就会对其内的人类的健康造成威胁。自然通风所具有的健康通风功能，可以有效地将室内的浑浊空气定期置换到室外，从而保证室内的空气质量，保护建筑物之内的人类健康。

（三）降温通风

所谓降温通风，就是通过空气流通将建筑物内的高温度空气与室外的低温度空气进行热量的交换。一般来说，在建筑采用降温通风的时候，要结合当地的气候条件以及建筑本身的结构特点进行综合考虑。对于商业类的建筑，过渡季节要充分进行降温通风，而对于住宅类的建筑，在白天应该尽量避免外界的高温空气进入建筑物，而到了晚上可以使用降温通风来降低室内温度，从而减少空调等其他降温设备的能耗。

其特点主要体现在以下几个方面：①室外的风力会对室内的风力造成影响，当两种风力结合在一起后就会促进室内空气的流通，这样就可以有效地减少室内污染空气的排放，降低室内的稳定，到达自然通风的效果。②要想有效实现自然通风，在还应考虑热压风压对自然通风造成的影响，借助外力解决影响自然通风的因素。

二、建筑设计中对自然通风的应用

（一）由热压造成的自然通风

风压和热压是促进自然通风的力量，通常而言，当室内与室外的气压形成差异的时候，气流就会随着这种差异进行流动，从而实现自然通风，促进室内空气的流通，使居住者感到居住适宜，通风气爽。自然通风是相对于电器的通风更加健康、更加经济、更加舒适的通风方式。有时候通风口的设置对于促进通风也具有重要的作用，有助于加强自然通风的实施效果。影响热压通风的因素有很多种，窗孔位置、两窗孔的高差和室内空气密度差都是重要的因素。在建筑设计实施的过程中，使用的方法有很多，例如建筑物内部贯穿多层的竖向井洞也是一种重要的方法，通过合理有效的通风方法实现空气的流通。实现建筑隔层空气的流通将热空气通过流通排出室外，达到自然通风，促进空气的交换。和较风压式自然通风对比而言，热压式自然通风对于外部环境的适应性也是很高的。

（二）由风压造成的自然通风

这里所说的风压，是指空气流在受到外物阻挡的情况下所产生的静压。当风面对着建筑物正面吹袭时，建筑物的表面会进行阻挡，这股风处在迎风面上，静压自然增高，并且有了正压区的产生，这时气流再向上进行偏转，并且会绕过建筑物的侧面以及正面，并在侧面和正面上产生一股局部涡流，这时静压会降低，负压差会形成，而风压就是对建筑背风面以及迎风面压力差的利用，压力差产生作用，室内外空气在它的作用下，压力高的一侧向压力低的一侧进行流动，并且这个压力差与建筑与风的夹角、建筑形式、四周建筑布局等几个因素关系密切。

（三）风压与热压共同作用实现自然通风

自然通风也有一种通过风压和热压共同作用来实现自然通风，建筑物受到风、热压同时作用时，建筑物会在压力的作用下受风力的各种作用，风压通风与热压通风相互交织，相互促进，实现通风。一般来说，在建筑物比较隐蔽的地方，对于通风的实现也是必要的，这种风向的流向是在风压和热压的相互作用下进行的。

（四）机械辅助式自然通风

现代化的建筑楼层越来越高，面积越来越大，实现通风的必要性更大，同时也必然面对的一个问题是这也使得通风路径更长，这样空气就会受到建筑物的阻碍，因此，不得不面对的现实是简单地依靠自然风压及热风无法实现优质的通风效果。但是，对于自然通风需要注意的一个问题是，由于社会发展造成的自然环境恶化，对于城市环境比较恶劣的地区，自然通风会把恶劣的空气带入室内，造成室内空气的污染，危害到居住者的身体健康，这时就需要机械辅助的自然通风，这有利于室内空气的净化，不仅实现室内的通风，也不将影响身体健康的恶劣空气带入室内。

总之，自然通风在建筑中不仅仅改善了室内的空气问题，而且还调节了室外的环境问题。这种自然通风受到很多人的关注，相信随着技术的发展，自然通风技术一定会在建筑设计中取得理想的成绩。

第三章 现代建筑结构设计

第一节 建筑结构设计中的问题

在社会不断发展的今天，人们的生活水平和生活质量不断提高，对建筑的要求也越来越高。对既有建筑进行严格的分析，结果表明仍存在安全可靠度不足、使用寿命短等问题。从建筑物的功能出发，现代结构设计在住宅建设中更加全面，实现人们对建筑功能的追求，增加对建筑美观和舒适性的重视，也满足经济快速发展和人们的追求以及高品质的生活。然而建筑结构设计也不一定存在合理的整体性，在相应的建筑结构设计过程中，我们通常会十分关注结构设计的各项细节以及计算，而忽略相应的结构设计及其在施工过程中的完整性和协调性。本节通过相应的建筑结构设计现状进行分析，发现相应的建筑结构设计中有某些问题，为了不断地优化现代结构设计的过程和方法，提出相应的结构的整体与协调，设计标准和设计过程的优化等对策。

一、建筑结构设计概念

（一）建筑结构设计的基本含义

在建筑领域，建筑结构设计就是对建筑物的结构进行科学合理的设计，具体内容包括偏向室内空间布局设计的内部结构设计，以及偏向建筑外观设计的外部结构设计，在整体上尽可能达到科学利用内部空间与外观环保美观的综合效果。在完整的建筑结构设计工作中，一共有三个不同的层次，首先是结构方案的选择，其次是结构构件的具体计算，最后是绘制结构施工图。这三个方面都是十分重要的环节，使建筑结构的设计更加科学严谨，尽可能减少工程项目的成本，同时也要确保工程项目的安全性、实用性和耐久性。

（二）优化建筑结构的现实意义

建筑结构的设计工作是一项具有重要意义的工作，也是工程建设开展的首要环节，对工程建设的整体质量有着较为显著的直接影响。一般情况下，在进行建筑结构设计时，必须基于建筑物的性质，深入分析建筑高度、楼层数目，以及建筑本身的功能要求，充分把握建筑本身的受荷大小和承重范围，同时估算出建筑物主体结构的建造成本。提高建筑结构设计的质量，能够尽可能地降低出现各种问题的可能性，有利于不断加强相应建筑结构的各项安全性。所以，有关单位与企业必须加强对建筑结构设计的重视，进而确保工程建设项目质量，增强各项性能。

（三）建筑结构设计的发展情况

在现阶段，对于住宅建设而言，施工前的建筑结构设计是关键的环节，也是进行相应住宅建设过程的关键前提。与较为传统的建筑设计风格相比，其中的建筑结构设计一方面可以包括各项建筑施工过程中的总体规划，另一方面也在建筑设计过程中可以使其变得更加科学合理，同时能够更加注重人们的生活经历和实践。根据不同的环境和当地条件，采用与当前环境保持一致的建筑设计是当前建筑结构的规划过程中必须考虑的因素。通过不断的、适当的建筑结构设计来增强各项建筑过程的各项安全性、实用性、功能性和舒适性。一方面，它可以满足当前社会和人们对住房的各项需求，另一方面，它也可以应对现有生活中的各项紧急情况。同时能够赋予建筑更好的科学性和合理性，在相应的设计中主要体现在根据地形面积等设计处出更加科学实用的房屋中。

二、建筑结构设计问题分析

（一）在设计过程中缺乏分析和考虑

在整个建筑结构设计过程当中往往涉及许多因素，例如其中的结构完整性、相关的材料选择、其中设计的合理性以及后期相关问题的解决方案，这些在相应的建筑过程中往往起着一定作用。然而，有时设计师之间缺乏沟通，同时会依靠他们的个人经验来设计建筑结构的问题，这常常导致在图纸设计过程中省略某些环节，从而增加在施工过程中的各项风险因素。如果在相应的建筑结构设计存在问题，一方面会给以后的设计和现场操作带来一定的安全隐患，另一方面也会影响设计图的使用以及技术价值。在进行相应的设计过程中，如果缺少其中的任何环节往往会导致建筑结构设计过程中的失败，同时会给施工带来一定的危险和不稳定，整体不利于中国住宅建筑业的可持续发展。这也将对人们的人身安全和财产安全构成重大挑战，并偏离人们安居乐业的良好道路。

（二）设计师之间缺乏有效的沟通

对于建筑物的设计，每个人都需要同设计师不断讨论，以完成和设计图纸。许多结构设计师最依赖互联网技术以及相应的个人想法结合来设计建筑图，通常情况下忽略了其他设计师的设计图并进行了深入的探讨，从而导致图的内容浅薄和结构设计不合理。由于缺乏对图纸的深入研究，设计人员缺乏全面的知识，也影响了对设计要求的理解，从而在设计过程中的每个功能领域出现了许多问题。并且在设计、规划和实际施工过程中，很容易出现较大的质量以及相应的安全问题。各个部门的设计关系不紧密，建筑模板设计的总体规划不合理，造成各种安全问题，不利于施工的可持续性，影响施工的总体进度。

三、解决建筑结构设计问题的对策

（一）了解结构设计标准

设计者应当明确结构工程设计的标准，这样不仅可以保证建筑结构的有序发展，而且可以确保建筑物的各项安全性能以及相应的质量。首先，了解其中的建筑结构设计的原理。设计师可以通过不断优化设计图来了解其中的设计原理。通过明确的设计原则，能够不断提高建筑结构的设计质量，在不断发挥设计与施工整体价值的同时，确保建筑结构的安全性、实用性和耐久性。其次，根据政府发布的设计耐久性和安全性政策，要求设计师在施工中应当不断考虑施工和环境因素，才能更加科学合理地规划设计图纸，以实现合理的设计。最后，设计师应遵循经济原则。换句话说，设计人员应在建筑材料选择过程中对环境、材料成本绩效等方面进行分析，以提高建筑结构设计的专业性，合理控制成本，选择合适的材料。最经济实用的设计方案可以提高建设项目的社会效益和经济效益。

（二）优化设计的全过程

优化设计的整个过程不仅表现在建筑结构设计的各个方面，还表现在设计师的品质内涵上。因此，现代结构设计的要求是在运用技术的前提下，以分层的方式分析总体设计方案和局部设计方案，以不断优化和纠正方案中的各种不合理现象。从设计者来看，由于许多参数涉及建筑结构的设计，因此设计者不仅要学习每个参数的特性，而且还要学习各种参数的应用。另外，设计师应经常与周围的设计师沟通，提高自身素质和能力，完善制图设计思想，使制图与建筑结构设计保持一致，以满足日益增长的高要求和高标准。

（三）确保结构完整性和协调性

在建筑结构设计中，协调性、完整性、合理性和科学性是紧密相连的。在整个建筑结构设计过程中，设计人员应不断明确建筑物类型，依据其中的建筑物类型设计可以进行更加合理有效的结构施工图，从而保证其中图纸内容的协调性和完整性。保证建筑物的实用性和耐用性，实现协调发展。因此，在建筑设计发展之前，有必要科学合理地总结和分析建筑结构的各个组成部分，并针对建筑结构工程设计中存在的问题提出快速、积极、有效的对策，以求完善。建筑结构工程设计的整体合理性和质量，充分发挥住房建设项目的功能，为居民提供更多的舒适感和安全的服务。

国民经济的飞速发展和人民对美好生活要求的不断提高，建筑使用安全和人们居住体验已成为当今的中心问题。由于建筑结构整体的可靠度、使用性和安全程度还相对存在比较多的问题，而在建筑领域的发展中，建筑结构的设计占据着一席之地，且发挥着重要的作用，与项目工程施工效率和施工质量有着较为直接的联系。因此，必须优化建筑结构的设计，提高相关人员对其重视程度，综合提高设计师的整体素质与业务能力，合理规划成本，培养概念性设计的理念，进一步增强建筑结构设计的效果，确保工程项目后期的工作顺利开展，进而促进建筑行业持续发展。

第二节　建筑结构设计的原则

随着我国社会经济的快速发展，建筑结构也呈现更加复杂的趋势，这给建筑结构设计带来更大的挑战，同时也使得建筑工程中暴露出更多的问题，这引起社会的广泛重视。由于建筑结构设计是一项系统的工作，在设计过程中会出现多种多样的问题，为保障建筑结构设计的质量，设计人员不仅要具备较强的专业能力，而且还需要具备认真负责的工作态度，遵循建筑结构设计的原则，同时注意建筑结构设计中的常见问题，确保建筑结构设计的效果符合标准要求。

所谓建筑结构设计是指设计人员结合建筑标准要求，同时结合自己的知识与经验，对建筑的整体结构做出科学的设计，在建筑结果设计过程中，设计人员通过设计语言表达自己的设计理念，而结构语言是指结构元素，其中不仅包含着基础、柱、梁，而且还包括墙、楼梯以及板等结构元素，合理运用结构元素，构建建筑物的结构体系。由于建筑结构设计属于系统性的工作，因此在建筑结构设计过程中很容易出现问题，设计人员需要充分认识到建筑结构设计的原则，注意避免出现相关问题，保障建筑结构设计的质量，推动建筑行业的长远发展。

一、建筑结构设计的种类与内容

（一）建筑结构的种类分析

对于建筑物而言，建筑物的使用功能不同，因此对建筑物的要求也不相同，相应的便会产生不同种类的建筑结构。以建筑物的使用功能进行划分，通常情况下可以将建筑结构的种类分为两类，一类建筑结构为工业建筑，另一类建筑结构为民用建筑。

如果以建筑物的层数来进行划分，则可以将建筑物结构分为四类，即单层建筑物、多层建筑物、高层建筑物、超高层建筑物。根据建筑物的结构形式来进行划分，可以将建筑物划分为五类，即排架结构建筑、简体结构建筑、框架结构建筑、大路结构建筑以及剪力结构建筑。除此之外，建筑结构的划分还可以通过建筑物建设的材料方面进行划分，根据建筑材料的不同来划分建筑结构的种类，比如，针对混凝土材料的建筑，可以将其划分为混凝图结构；针对木质材料的建筑，可以将其划分为木结；针对钢筋材料，可以将其划分为建筑结构等。这些只是目前建筑工程中涉及的大部分结构种类，还有其他方面的结构种类。

（二）建筑结构设计的内容

针对建筑的设计内容相对比较广泛，其中包含建筑设计、结构设计、电气装备设计、暖通设计以及给排水设计等。不同的设计类型对设计的方法与原则有着不同的要求，但是所有设计类型都需要遵守以下4个基本要求，即环保要求、功能要求、经济要求和美观要求。对于建筑结构而言，其在建筑设计中占有十分重要的地位，只有建筑结构具有科学性与稳定性，才能保障建筑物发挥使用功能，因此，在建筑物设计过程中，建筑结构设计同样占有至关重要的地位。建筑结构设计过程为方案设计、结构设计、构建设计以及绘制施工图。为了提高建筑结构设计的质量，首先，要对建筑结构的全部构建的承载能力和极限状态进行计算，另外还需要计算疲劳强度。这些计算结构是建筑结构设计的重要参考依据，同时也是保障建筑结构设计质量的重要基础；其次，要做好结构分析工作；最后，要做好抗震设计工作，我国对建筑的抗震设计提出明确的要求，抗震设防烈度要求为Ⅵ~Ⅸ度。建筑物的抗震能力与抗震要求，与建筑物的结构以及建筑物的高度等密切相关，通常情况下，建筑物的高度越高，对抗震设计的要求也会随之提升，二者成正比关系。在设计过程中也存在着不同的构造要求，并且需要采用不同的设计方法，这样才能确保抗震设计的质量与效果。

二、建筑结构设计的原则分析

适用性原则、美观性原则、安全性原则、经济性原则以及便于施工的原则是建筑结构设计的主要原则。在建筑结构设计中，只有完美结合这五方面原则，才能取得最佳的设计效果。这不仅是建筑结构设计的重要目标，而且也是建筑结构设计水平与建筑结构设计效果的最佳体现。对于建筑结构设计而言，其发生在建筑物设计完成之后，因此建筑结构设计会在很大程度上受建筑物设计的制约与影响，但是建筑结构设计也会反作用于建筑物设计。建筑结构设计应建立在不破坏原有建筑物设计的基础之上，同时还要满足建筑要求，在原有建筑物设计的基础上进行建筑结构设计。与此同时，建筑物设计不能超出结构设计的能力范围，建筑物设计也同样要遵循建筑结构设计的

5 项原则。总之建筑结构设计会对建筑物设计产生重要影响，在建筑项目建设完成后，其所体现的适用性、美观性、安全性、经济性以及便于施工等原则，是设计人员设计水平与设计能力的重要体现。

三、建筑结构设计的注意问题

（一）基坑回填方面应注意的问题

基坑开挖过程中，不仅要注重开挖工艺的应用，而且还要充分考虑摩擦角范围内的坑边的基底土均会受到约束，如果不注重摩擦角范围约束力，则将会导致设计效果不理想。由于存在一定的约束力，在约束力的作用下，通常情况下不会出现反弹的情况。但是这并不是绝对的，基坑中心的地基土则偶尔出现反弹的情况。针对这种情况的处理，传统的措施难以发挥作用，处理效果不理想，因此应采用人工的方式清除回弹部分。在此过程中，如果出现基础较小的情况，那么坑底所受到的约束会增大，因此坑底地基土的反弹作用相对较小，基本可以忽略不计。针对沉降幅度的计算，计算过程中则需要根据基地附加应力进行计算。反之，如果基坑相对较大，则坑底受到的束缚便会变小，因此，在进行箱基沉降计算的过程中，需要保障计算的精确性，提升计算结果的准确性，更好地为处理方案的制订奠定基础。将被约束的部分作为安全储备，这种方式是一种十分有效的处理方式。

（二）抗震设计方面应注意的问题

框架柱或者型钢混凝土框支柱在抗震设计过程中应用比较广泛，在设计过程中，对箍筋的设置不仅要符合体积配箍率等构造要求，同时为了确保抗震设计的科学性，增强建筑结构的抗震效果，对箍筋肢距也要做出明确的规划与科学的调整，使其符合钢筋混凝土框架柱的要求，这样才能更加有效地提升抗震的质量和抗震的效果，充分发挥抗震设计的作用。除此之外，在必要的情况下，还应设置复合箍。这样才能确保抗震设计的质量，提高建筑结构设计的水平并增强其效果，保障建筑物具有相应的抗震能力。

（三）挑梁设计方面应注意的问题

通常而言，应将悬挑梁做成等截面，特别是在出挑长度较短的情况下更应如此。相较于挑板，挑梁的特点更加突出，挑梁不仅具有自重相对较小的特点，而且还具有占总荷载比例较小的特点，只有在能够有效降低挑梁自重的情况下才能作为变截面。在设计过程中，要注重对箍筋的应用，做到合理选择箍筋，为后续的施工带来便利。值得注意的是，变截面梁的挠度应不小于等截面梁。在设计过程中，针对外露的大挑梁，设计人员需要加强应用，可以将其作为变截面，这种设计方式既能更加充分地发挥大挑梁的作用，同时也能够得到更好的美观效果。

四、建筑结构设计的要点

（一）选择科学的建筑结构设计方案

建筑结构设计的目的不仅在于提升建筑的美观性，而且要更加全面地进行考虑，在设计过程中，要更加注重提升建筑物的稳定性与安全性。在这种理念和要求下，在建筑结构设计过程中，需要设计人员合理选择设计方案，确保设计方案的科学性与经济性，同时还应结合科学的结构体系与结构形式。这样才能保障建筑结构设计的质量与效果。首先要明确建筑物的总体布局，分析建筑结构的抗震节点，同时还要考虑建筑物结构的应力情况等。在建筑结构设计中，应避免出现同一结构单元混用不同结构体系的情况，同时秉持平面竖向的原则进行设计。其次，设计人员应结合建筑的使用功能，同时根据相关要求，在建筑设计方案中明确建筑物的材料类别以及施工条件等。

（二）提高计算结果的分析水平

随着建筑结构设计水平的不断提高，在设计过程中对计算机技术的应用越来越广泛，设计人员可以应用相关软件进行计算，同时还可以通过软件来对计算结果进行分析，这对于提升建筑结构设计质量具有十分重要的意义。设计人员应结合具体的设计要求合理选择软件，同时还要熟练掌握相关软件的应用方法。不同的软件有着不同的特点，同时也会存在一定的不足，为保障计算结果的科学性，需要设计人员参照多种软件，确保计算参数的准确性。针对计算结果，设计人员应再次进行分析，对计算结果进行反复核验，在保障计算结果准确性的基础上才能将其应用于建筑结构设计方案之中。

（三）提高材料的利用率

节约也是建筑结构设计的重要原则之一，因此在设计过程中应注重提高材料的利用率，起到更好的节约效果。在建筑结构设计过程中，应加强对那些轻质高强建材的应用。这既能更好地体现出建筑结构设计经济性的原则，也有助于降低建筑工程项目的建设成本，同时还有助于节约能源与环境保护。设计人员自身要具备较强的环保意识，在建筑结构设计过程中提高对材料的利用率，为建设环境友好型社会以及资源节约型社会做出更大的贡献。

对于建筑工程项目而言，建筑结构设计是十分重要的组成部分。建筑结构设计是保障建筑安全的重要基础和前提，因此，设计人员在进行建筑结构设计的过程中，应始终秉持建筑结构设计的各项原则，合理把控各个方面的注意问题，提高建筑结构设计的质量并增强其效果，为建筑工程的质量奠定坚实的基础。

第三节 建筑结构设计的优化

建筑结构的设计对建筑设计合理性、施工及使用成本有着直接影响。随着经济的快速发展，日益复杂的建筑结构形式给建筑结构设计师带来挑战，同时也带来了不少的设计盲区。作为建筑结构设计的重要组成部分，建筑结构优化设计可以从安全、经济、合理的角度进行相应的结构优化，从而达到资源的合理利用。

一、结构设计优化的重要性

随着经济的不断增长，大城市用地面积的日渐紧张，原有的多层砖混预制板结构日渐被高层框架结构、框架剪力墙结构、剪力墙结构所替代；与此同时，人民的生活水平日益提高，对与商场、工业厂房、展览馆、机场有大尺寸空间需求，大跨度的预应力混凝土结构、钢结构也应运而生。这些新型的建筑形式在满足了建筑师天马行空的想象与创作的同时，也给结构工程师带来了巨大的挑战。幸运的是在积累了大量的实验和实践，同时向西方发达国家积极地展开学习与交流，并通过大量的实验，我们形成了一套适用于自己的设计规范体系，指导着无数结构工程师在自己的岗位上做出优秀的设计。但是尽管如此，依旧有不少设计师由于市场造价把控得不到位、工程实践经验的不足、对于设计规范的理解不透彻，甚至对于力学概念的模糊设计出了不少工程造价高昂、结构体系不合理，甚至有安全隐患的建筑。这些设计与时代的发展背道而驰。因此结构设计优化便在这样的背景下逐渐成了贯穿整个设计周期的重要参与者。结构设计优化能为建筑开发商有效地控制建设成本，优化不合理、不安全的设计。同时按照现代建筑要求将目前先进的结构设计理念融入该建筑结构设计中，通过合理的优化实现建筑的现有经济利益（既建筑设计、施工周期内成本）以及未来经济效益（建筑合理使用年限内的使用成本），实现建筑设计的合理化、科学化，促进建筑行业经济、合理、和谐地发展。

二、设计优化原则

建筑结构优化设计的依据现行的国家设计、施工验收规范。规范条文是设计的安全底线，然而不少建筑结构优化设计在近几年受到不合理的优化设计合同（设计成本与优化后的施工成本差额成正比例关系）的影响，不停地追求挑战、接近国家设计规范的底线，忽略了设计规范条文背后含义。也正是因为这样不合理的优化设计合同，也有不满足或者与设计规范相悖的设计内容（不利于减少工程施工成本）未能被有效地指正。设计规范制定的原则是为了确保房屋安全底线，只有深入了解设计规范条文制定的原则和依据，建筑结构优化设计才能更加地合理。

三、建筑结构设计的优化思路

（一）从建筑、水、暖通、电等其他设计规范角度出发进行优化

建筑结构优化设计应参与到整个设计周期中。不少的结构设计师由于对建筑、水、暖通、电等其他设计规范及设计内容理解得不透彻，无法有效地发现建筑设计中的不合理内容。例如建筑屋面的找坡方式、地下室顶板顶部的覆土与植被（影响结构的荷载大小），有效利用覆土荷载对地下室整体抗浮的有利作用；地下室有效合理的净空需要扣除暖通管道、喷淋管的安装高度（影响整个场地的开挖量）；住宅水、电管线预埋的密集区域宜增强楼板的有效厚度；室外管网的排布对基础埋置深度的影响。这些都需要结构优化设计及时地在设计的方案阶段及时地参与其中。

（二）从建筑结构设计规范角度出发进行优化

1. 合理地选择建筑结构体形

了解建筑的功能需求，根据建筑的类别、高度以及体形，所在地区的抗震设防烈度，风荷载，地质条件等情况，合理选择结构类型。不合理的层高设置往往会使结构容易形成薄弱层，与此同时我们尚应尽可能规避掉平面不规则、立面不规则的建筑方案，这其中可以通过有效的结构手段（例如通过结构设缝将主体单元划分成规则的单元，合理设置结构拉结楼板规避结构平面凹凸不规则），当然引导建筑设计师与业主选择合理建筑方案也是规范设置的目的所在。

2. 合理地设置竖向受力构件与水平受力构件

水平受力构件（楼板、梁）通过结构导荷将建筑使用荷载导向竖向受力构件（剪力墙、柱、砖墙、斜撑等），再传递到基础地基当中。竖向受力构件（剪力墙、柱、砖墙、斜撑等）在与水平受力构件（楼板、梁）协同作用下承担着水平地震荷载（风荷载）。应控制框架柱、剪力墙截面的尺寸与设置间距（在布置柱网的同时应考虑建筑合理车位等其他经济需求）。框架结构中往往还应特别注意楼梯（斜撑）设置的影响，对于对称对结构有帮助的楼梯予以保留，对于结构刚度贡献不利的可以通过滑动支座释放其刚度。布置的结构方案尽可能使得结构几何形形色色心与刚度重合，结构两个方向的刚度均匀对称分布。带有剪力墙的结构类型中由于剪力墙对结构整体刚度影响较大，在应对地震偶然偏心作用的时候，往往有效地将剪力墙沿偏心作用点外分散设置（而不是一味底加强）更为有效。以上设置建立墙的原则同样适用于砖混结构。而对于水平构件中的梁，宜适当地削弱梁构件的刚度，同时在部分对裂缝不敏感的区域的楼

板采用弹塑形设计。通过这样的结构设计思路可以有效地实现规范所提倡的强柱弱梁、强剪弱弯的设计理念；在整体提高结构抵抗水平承载力的同时，也节约了结构的成本。

（三）优化方案的比较

结构设计优化在有了规范的支持和结构受力的思路后，其核心是要进行结构材料用量分析，计算正确时，根据不同的计算数据，提出不同的优化方案。大到结构形式的选择，如混凝土框架结构与钢结构的优化比对。次到楼板体系的选择，如井字梁梁板体系与单向板体系、厚板体系等。再次到构件类型的选择，如钻孔灌注桩与高强预应力管桩。最小到材料的优化，如高强钢筋与低强钢筋的合理搭配，高标号混凝土的合理应用。有了这样的思路，我们就可以通过不同的优化方案计算出不同结构的工程材料成本。与此同时，同样不能忽略施工成本的部分，精准地计算出施工的工期、施工相应的设备与技术人员开销。结合这两个方面进行不同的优化方案的比较，选出最经济合理的优化方案，从而达到结构设计优化的目的。

第四节　装配式建筑结构设计

针对装配式建筑结构设计中存在的问题，进行综合分析，并简要介绍了装配式建筑结构的特点，如结构设计更加标准、各项构件实现工厂化生产目标等等，提出装配式建筑结构设计流程与要点，能够保证装配式建筑结构更为稳固，有效减少建筑结构失稳现象，希望为有关人员提供有效参考与借鉴。

在建筑业迅猛发展的今天，人们对建筑工程的要求越来越高，尤其是建筑结构形式。现代建筑形式具有多样化的特点。最近几年来，装配式建筑工程越来越多，为了保证装配式建筑结构更为合理，做好结构设计工作特别关键，鉴于此，本节重点研究装配式建筑结构设计要点。

一、装配式建筑结构的特点分析

在常规的建筑工程当中，采用现场施工方式比较多，在工程项目建设施工环节，工业化水平比较低，会消耗大量的资源，产生很多废弃物，存在设计施工水平低下、装饰装修质量不达标等一系列问题。与常规的建筑工程项目相比，装配式建筑工程项目具备施工作业难度低、施工废弃物少、施工材料使用率高等特点，而且这一类型的建筑工程项目施工成本更加容易控制，施工周期也比较短，项目的运行维护管理更为简单。

此外，装配式建筑工程项目能够将低碳理念、环保理念、节能理念有效融合，建筑结构设计更为标准，各项施工构件实现工厂化生产目标，建筑项目的装饰装修质量更佳，能够更好地弥补常规建筑工程施工中存在的不足，将建筑工程项目各环节之间的局限完全打破，使得工程项目产业上、下游更为协同。

二、装配式建筑结构设计流程

通常来讲，装配式建筑结构设计主要分为 5 步，分别是技术选择、施工方案的设计、初期设计、施工图设计、构建加工设计等步骤。

在施工方案设计环节，设计人员需要结合装配式建筑工程结构特点，制定出更为全面的施工方案。如果施工方案设计不合理，会对装配式建筑结构的可靠性能与安全性能产生较大影响，因为装配式建筑结构施工方案设计难度较大，具有一定的系统性，因此，设计人员要运用科学的设计理念进行设计。

在技术选择过程之中，设计人员要明确装配式建筑工程的具体施工位置，包括工程项目的施工规模，了解建筑工程项目外部施工环境，准确计算装配式建筑工程项目施工成本，并制订出完整的技术方案，保证装配式建筑构件更为标准，为项目中的施工作业人员提供良好依据。

在施工图设计环节，设计者要结合之前的技术选择与初步设计内容，结合装配式建筑当中各个专业提供的有效参数，明确预制构件的安装要求，特别是工程项目当中的重点部位，要加强防水设计。

在预制构件加工设计环节，设计单位要主动联系预制构件加工企业，和加工企业协同设计，并结合装配式建筑工程施工场地的实际情况，为构件加工企业提供准确的预制构件尺寸设计图，保证装配式建筑工程中的各项管线稳定运行。结合各项预制构件的运输与吊装要求，安排专业人员提前设置好预制构件起吊与固定设备。

三、装配式建筑结构的设计要点研究

（一）深化设计要点

在制作装配式建筑预制构件之前，设计人员需要加强深化设计，针对装配式建筑深化设计文件，需要认真按照高层建筑工程整体设计规范与标准进行设计，并做好相应的文件编制工作。预制的全部建筑构件详解图纸之中，要明确预留孔洞位置，包括各项预埋件位置等等，并逐一进行全面分析，保证后续的装配式建筑结构设计工作顺利开展。

（二）连接性设计要点

在装配式建筑工程当中，建筑结构的竖向与水平接缝位置的钢筋需要利用套筒灌浆方法进行处理，保证钢筋稳固连接，钢筋接头要符合装配式建筑结构设计要求。预制建筑剪力墙，钢筋接头部位的钢筋外侧套管箍筋混凝土保护层厚度不宜小于20mm，套管之间的距离不宜小于25mm。

预制梁体，包括后浇混凝土，需要进行有效叠合，叠合为结合面之后，方可对平面进行粗糙处理。装配式建筑工程中的预制梁体断面处，需要进行粗糙面处理，并合理设置键槽，键槽的数量和尺寸要满足装配式建筑工程项目有关施工标准。预制好的剪力墙，墙体顶部位置与底部位置，包括后浇混凝土结合面，均需要设置粗糙面。梁体和后浇筑混凝土结合面，要设置相应的粗糙面与键槽，粗糙面的面积不能够小于80%，预制板粗糙面凹凸深度不宜小于4mm。

（三）整体构造设计要点

在装配式建筑工程当中，叠合板通常采用单向板，因此，在制作环节，底板需要提前预留出开洞的具体位置，开洞具体位置要与桁架钢筋保持一定距离。若开洞的洞宽度超过了300mm，受力钢筋需要将洞口位置绕过，不能够直接将钢筋切断。如果洞口宽度在300 ~ 1000mm之间，则需要在洞口附近设置一定量的附加钢筋，洞口周围需要设置附加钢筋。对于装配式建筑工程项目设计人员来讲，要运用先进的设计理念，妥善解决装配式建筑结构整体构造设计中存在的问题，并对原有的项目整体构造设计方案进行优化，在提升装配式建筑工程项目整体构造合理性的同时，有效减少结构失稳现象。

针对立面楼层，预制好的剪力墙位置，需要提前设计出密封后浇钢筋，包括混凝土圈梁，混凝土圈梁要和房屋浇筑与叠合楼组成一个整体。针对不同楼层与楼面的预制剪力墙，如果剪力墙顶部没有后浇圈梁，则需要设计良好的水平式后浇带。一般来讲，水平式后浇带如果超过两根纵向连续钢筋的宽度，每根钢筋直径为12mm，则能够有效提升装配式建筑结构的施工质量。

（四）结构防水设计要点

在时间的作用下，建筑工程项目受外界环境因素的影响越来越大，特别容易发生不同类型的质量问题，缩短建筑工程项目的施工时间，降低项目的安全系数。所以，对装配式建筑工程中的混凝土质量要求特别高，不但需要混凝土具备良好的防水性能，而且要具备较好的耐久性。

在装配式建筑工程项目当中，楼板与外墙均需要进行预制，这些部件直接和外界环境接触，在进行预制构件连接性设计时，设计人员要加强防水设计。例如，在某高层装配式建筑工程项目当中，外墙采用预制墙板，采取密封的形式，具有较好的防水性能。在此装配式建筑工程当中，预制的外墙板最外一层为高弹力泡沫棒，中间层为减压空间，使用防水胶条进行密封处理，其内部则采用灌浆层，利用砂浆进行密封。

通过做好装配式建筑工程防水设计工作，能够保证建筑工程项目的整体防水效果得到更好提升。

（五）钢筋混凝土构件与装配式构件设计要点

在进行施工材料设计时，设计人员重点考虑以下两个问题：

（1）混凝土材料对比设计要点。装配式建筑工程项目当中的混凝土施工强度等级要符合工程的具体施工要求，梁、板与剪力墙等预制构件要具备良好的防水性能与耐久性，由于这些构件与现浇构件相似，故预制剪力墙板内部的混凝土轴心抗压强度性能标准参数设计数值不宜超过 20%。在选择混凝土施工材料时，尽可能选择性能较好的混凝土施工材料进行施工，并合理设计混凝土配合比，在提升混凝土施工质量的同时，有效提高装配式建筑工程项目的可靠性与安全性。

（2）钢筋与连接构件设计要点。在进行钢筋和连接构件设计工作时，钢筋混凝土构件的各项性能参数标准要满足有关规定标准，具体如下：钢筋的施工材料强度等级符合有关规定，钢筋合格率达到 95% 以上；吊环与吊钩等结构构件需要使用 HPB300 级别的钢筋材料进行施工，不能够使用冷加工式钢筋材料；钢筋材料的抗拉强度实际测定值，应该和其自身的屈服强度测定值比例保持在 1.25 左右。

（3）为了保证钢筋混凝土构件和装配式构件设计工作得以顺利开展，设计人员还要根据装配式建筑结构特点，适当提高钢筋混凝土构件设计标准，并结合装配式构件结构特点，对既有的设计方案进行改进，在提高装配式建筑施工方案实施效果的同时，避免建筑结构出现大面积失稳现象。

综上，通过对装配式建筑结构的设计要点进行全面分析，例如深化设计要点、连接性设计要点、整体构造设计要点、结构防水设计要点、钢筋混凝土构件与装配式构件设计要点等等，能够保证装配式建筑结构工程项目施工的有序进行，有效提升装配式建筑工程项目的施工质量。

第五节　建筑结构设计的安全性

随着中国社会的快速发展，经济呈现出高速增长的趋势，人们的生活水平也不断地提高，这在一定程度上也带动了中国房地产行业的发展。房地产业是整个建筑工程中最重要的组成部分，其中建筑结构的设计对整个建筑工程的施工质量有着非常重要的影响。因此，建筑结构的设计，对建筑日后使用的安全性也有着很大的影响。目前建筑结构设计呈现出多元化发展的趋势，建筑结构形式也变得越来越复杂，这就很可能会带来一系列的安全隐患。因此必须要提高建筑结构设计的安全性，从而保证人民群众的生命财产全。本节就建筑结构设计中可能存在的安全问题进行了分析，同时也提出了如何提高建筑结构设计安全性的有效改进措施。

一、房地产业建筑结构设计安全性的重要意义

在房地产业中，整个建筑工程中最为重要的就是建筑结构设计。因为房地产业中的建筑结构设计主要是针对人们的日常使用和居住。因此保证建筑结构设计的安全性就是在保证人民群众的生命以及财产安全。对于建筑结构设计的安全性最主要的检验标准就是在整个建筑结构的设计是否能够满足使用要求，需要从各个方面综合考虑各种因素来满足建筑结构设计的安全性。

建筑结构设计是保证整个房地产业建筑安全性十分重要的前提，目前我国的房地产业中相关建筑结构设计人员所考虑的一个最重要的问题就是，在设计阶段如何合理地在进行建筑结构的设计，提高建筑结构设计的安全性。这在一定程度上还能有效地降低整个建筑结构施工的费用节约成本，提高整个房地产业的经济效益。建筑结构设计的安全性主要是为了保证建筑在正常施工和使用的前提下，能够承受可能出现的各种外界破坏力，比如说地震、台风等自然灾害，从而保证人们的生命财产安全。提高建筑结构设计安全性，不仅能够提高房地产业的经济效益，同时也是整个房地产业也能够可持续发展的重要途径。

二、房地产业建筑结构设计中所存在的安全问题

（一）建筑结构设计不合理

目前中国房地产业中还存在着部分建筑结构设计人员专业素质比较低的情况，而且有些建筑结构设计人员在进行建筑结构设计的时候，经常采用经验优先的原则即根据以往的经验来进行相应的结构设计。这就可能会造成所设计的建筑结构存在问题，很可能会造成安全事故。在建筑结构的设计过程中有时会出现建筑内楼梯或者电梯的布局不合理的问题，这样就会不利于人员的疏散。如果发生火灾或者其他紧急情况，就会对人们的生命财产安全产生比较大的威胁。除此之外，某些高层建筑在设计时很容易忽略地震或者是强风对整个建筑结构安全性的威胁。甚至还有些建筑结构设计人员在设计阶段往往过于注重整体建筑的外观，从而忽略整体结构的稳定性以及质量安全问题。而且部分小的建筑公司，设计人员的技术水平不过关，设计理念过于陈旧，这就会导致其设计出来的建筑结构不符合现代化使用标准，从而埋下安全隐患。

（二）建筑结构设计的抗震性较低

当前我国房地产业在进行建筑结构设计时，很多建筑结构设计人员没有充分考虑

到抗震性，从而使整体建筑结构的抗震性不符合国家要求。尤其是在地震多发地区，在建筑结构设计时更需要考虑到抗震性要求。例如在我国四川一带，正是由于建筑结构设计时没有充分考虑到抗震性要求，才会在发生较大的地震时对人们的生命财产安全产生了巨大的威胁，同时也对国家经济产生了不良影响。但是目前我国房地产业，在建筑结构设计阶段很多都不能充分认识到抗震性的重要意义。因此，我国很多的建筑抗震能力都比较弱，存在很大的安全隐患。

三、提高建筑结构设计的安全性的措施

（一）增强建筑结构设计人员相关专业知识

提高相关建筑结构设计人员的专业素质就必须要求我国房地产业有关建筑结构设计人员具备深厚的专业知识，以及非常扎实的专业技术能力，同时还应具有非常丰富的建筑结构设计经验。因为只有同时具备专业素质与经验，建筑结构设计人员才能够依据工程实际情况，来设计和改进建筑结构的形式，从最大限度上来满足整个建筑结构的安全性。在具备了相应的专业技能之后，还必须增强建筑结构设计人员的安全意识，只有当建筑结构设计人员十分重视建筑结构设计的安全性时，才能够在设计过程中充分考虑安全性。这就需要相关房地产业公司对建筑结构设计人员进行相应的培训，加强他们的安全意识，并且让建筑结构设计人员认识到自己所承担的责任。

（二）严格按照国家相关标准来进行建筑结构设计

国家已经颁布相关的建筑抗震性规范，以及其他的一些对房地产业建筑安全性的要求，在建筑结构设计阶段，应充分参照相关规范，以及相关的各项条款条规，在保证安全性的同时设计建筑结构。一旦建筑结构设计人员发现出现不符合规定的情况时，应当及时改正或揭露，这不仅能保证建筑结构设计的安全性，也能为人民群众的生命财产安全提供保障。

（三）加强建筑结构设计人员的质量意识

建筑结构设计人员除了要按照国家相关标准规范进行设计以外，还应该具有相关的质量意识，必须要怀有严肃认真的工作态度，对建筑结构设计中的每一个细节都能够非常重视，做到精益求精，这样才能提高整个建筑结构设计的安全性，确保每一个细节都做到最好。相关设计人员必须对建筑结构设计安全性负责，对人民群众财产安全负责的工作态度来进行建筑结构设计。

（四）要不断加强建筑结构设计的创新

社会在不断地发展与进步，建筑结构的设计也应该与时俱进，推陈出新。但是在建筑结构设计创新的时候，首先应该要考虑的就是如何保证建筑结构的安全性问题。

在设计阶段相关的建筑结构设计人员要根据自己已有的相关专业知识结合及实际的情况，从保证安全性的目的出发，对建筑结构的设计进行创新和改进。与此同时，相关建筑结构设计人员还要善于从以往的工作中总结经验，对每次成功的创新都进行总结以便于以后工作中根据相关知识储备以及设计经验，对建筑结构进行合理化创新，提高建筑结构设计的安全性。

总体来说，本节在介绍了我国房地产业中建筑结构设计安全性的前提下，分析和探讨了目前房地产业建筑结构设计中的某些不足之处，并且也根据具体问题提出了相应的解决办法。建筑结构设计的安全性具有十分重大的意义。因此，相关设计人员在设计阶段应充分考虑到建筑设计的安全性并尽力将其提高，这是推动整个中国房地产业可持续发展的必然要求。

第四章 现代建筑智能化设计

第一节 建筑智能化

本章节介绍了"智能化"概念的产生，分析了"智能建筑"在中国的发展现状，并从基础、信息通信、管理等方面，对智能建筑的具体设计进行了详细的论述，最后对智能建筑的发展进行了展望。

一、"智能化"概念的产生

早期人们的住所非常简陋，只能满足人们最基本的需求。随着社会的发展科技的进步，人们的活动范围日益扩大，在扩大的同时人们的居住、工作等空间的要求越来越高。随着时间的推移，人们对建筑单体的要求不再是简单的休息、工作的空间，人们对它赋予了更多层次的要求。人们对单体环境的要求逐步提高，对湿热、空气质量、水、电、光、声及信息环境做出具体的要求。随着科学技术和生产力的提高，以前单体设计时需要的范畴得到扩充。

建筑单体方案设计随着 20 世纪 90 年代后期网络的兴起，人们的交通组织方式、单体各个功能间的相互协调等的要求都有了明显变化。逐步包括了更多的现代信息技术，"智能建筑（Intelligent Building）"也悄然出现。

智能建筑的设计理念由美国人率先提出。1984 年美国人建成了世界上第一座智能化建筑，此建筑运用计算机技术对单体内空调、给水、消防、安防及强弱电等系统设计时采用自动化统筹设计，并为单体内业主提供语音、文字、数据等各类技术信息。之后日本、德国、英国、法国等发达国家的智能建筑也相继发展，智能建筑已成为现代化城市的重要标志。

对于"智能建筑"这个专属词语，世界上不同的国家对其有着截然不同的诠释。比如美国智能建筑学会诠释其为："智能建筑"是指建筑单体对其结构、系统、服务和管理这四个基础要点实施优化配置，为业主创造一个高效率且具备经济效益的空间。日本智能建筑研究会诠释其为："智能建筑"需满足包含商业辅助功效、通信辅助功效等在内的相关辅助功效作用，且能实现较高的自动化的单体管理系统保障、舒适的景观和安防系统保障，从而提升其原有的工作效率。欧盟智能建筑集团诠释其为："智能建筑"是使得业主提高其效率，且又能达到相对低廉的维护资金、最合理的管控其自身的建筑物。该建筑物需要提供一个反应迅速、效率高效且有执行力的环境，从而使得业主满足其相关要求。

二、"智能建筑"在中国的现状

在中国"智能建筑"设计开始于1990年，北京发展大厦为中国智能建筑的最初尝试者。在20世纪90年代我国"智能建筑"设计逐步开始推广，以当时的上海市浦东区为例，1997年一年该地区就设计出近百栋"智能建筑"设计图纸，并在随后得以实施。随后在21世纪的开始之年的十月我国住房和城乡建设部发布了我国第一个"智能建筑"在设计方面的"蓝本"——GB/T 50314—2000智能建筑设计标准，该规范内确切定义了智能建筑的含义——"以建筑为平台，兼备建筑设备、办公自动化及通信网络系统，集结构、系统、服务、管理及它们之间的最优化组合，向人们提供一个安全、高效、舒适、便利的建筑环境。"第一次以国家规范的形式界定了"智能建筑"的内容和其所代表的含义，同时也明确了在设计伊始，每一个设计师对于项目为"智能建筑"的设计方向和相关的设计内容。规范了其在设计时所考虑的范畴和相关的标准化设计。随着人们生活水平的提高，人们对建筑物单体的智能化要求也日趋完善和提高，这使得我们每一个设计的从业者都要去认真和细致地了解每一个业主及来访人员的需求，在设计的时候就要去尽可能地考虑进去，一个单体的智能化程度的高与低好与坏，不在于你设计时运用了更高技术含量的网络集成技术，而是在于每一个设计师尤其是建筑设计师在设计的时候是否考虑到了每一个细节的设计。以下是在设计时自己总结的一些"智能建筑"设计时的考虑范围。希望通过此文与大家相互学习借鉴。

三、"智能建筑"概念进行设计

在方案设计时要以"智能建筑"概念为基础，结合"高效·安全·舒适·便利"为主导设计理念，最大限度地满足单体中各个部分的功能要求和其使用需求。在施工图纸的绘制过程中，各专业间需相互配合以达到单体或者整个项目的"智能最大及最合理"化，具体设计时可分为以下几个方面：基础部分、信息通信部分、服务部分、管理部分。以下就具体对这几个部分分开予以阐述。

（一）基础部分

基础部分是"智能建筑"最基础的部分，起着奠基石的作用，这部分主要是建筑专业要协调电气专业以及结构专业，在单体的基础部分就开始布置和实施，为单体内部的下一步组织和分配奠定基础。其主要内容包括两个方面：第一方面为弱电线路基础布置，主要是指单体内部弱电管道和布线排布。其包含单体内主管道的水平及垂直走向，布线总线路走向及布置位置以及相关线路的接地系统。第二方面为单体建筑物的防雷接地，其内容包括有相关网控机房、消防和安防调度室、GPS 接收系统、单体周边设备、楼内管线的防雷接地点和接地网的布置。这部分需要建筑专业统一协调，以达到各部分的相互统一。

（二）信息通信部分

信息通信部分是指单体内的弱电线缆的铺设和相关设备线路的走线。具体包括以下几个方面的内容：

1.综合布线系统

其包含有小区内部计算机的相互连接以及与因特网连接的网络、可视电话的区域连接、视频监控系统、楼宇设备自控系统以及其他相关智能化系统的综合线缆布置等。以上通讯部分需要建筑专业人员与甲方沟通，确定其需要的部分，并指导相关专业配合，以达到统一布置，综合利用的总体效果。

中国农业大学水利土木工程学院党委书记杨培岭以"节水灌溉技术的未来发展方向和趋势"为题进行了精彩演讲，他呼吁要深入基础理论研究，加快节水灌溉科研成果的转化，实现节水灌溉技术的创新。要推广自动化控制系统，加强节水灌溉设备质量的监管控制，加强水资源管理，合理确定水价，建立健全节水灌溉体系服务。

当前绝大多数项目均是接入万兆以太网，以能保证千兆到各层百兆到用户端。如果单体为综合体的话，应考虑不用使用功能部分的信息通信在物理相互各自独立。

2.电话通信系统

随着现在人们对这部分的要求越来越精细，电话通信系统应包含以下几个方面：电话程控交换系统、带有无线基站的无绳电话、带有寻呼基站的寻呼系统、采用微蜂窝寻呼技术与程控电话交换机相对接，达到交换机分机寻呼、人工键盘寻呼或手持对讲机寻呼等功能。

3.相关机房系统

包含网络中心的装修、强电配置、防雷接地、安防、专用区域的 VRV 空调系统等内容。同时为我国现行的三大移动信号商（联通、移动、网通）提供信号覆盖、增强及相关特定区域的屏蔽。建筑专业在施工图绘制过程中要考虑这些方面的空间预留，以及与相关专业间的配合走线，以达到布局合理，空间利用紧凑的效果。

（三）管理部分

此部分设计是为了便于整体管理而设置，以达到项目"管家式"管理的设计理念。具体包括以下几个方面：

1. 相关设备监测系统

其包含热水、给水、中水、强弱电、防排烟、喷淋以及电梯扶梯等相关系统的控制和管理。同时还要对不用的使用功能进行独立分隔。同一使用功能部分的相互独立计费等要求。在综合管理的同时还要兼顾其分别使用的要求。

2. 安防系统

包含视频监控、入侵报警、保安巡逻、门禁控制、停车场管理、访客对讲等若干个相对独立的小系统。

3. 火灾报警控制系统

该部分主要是要保证各个单体建筑物内部、各建筑物之间的火灾自动报警、消防联动与自动灭火等功能。这部分相对独立，但是在建筑专业绘制施工图工程中要考虑相关位置的预留，这部分最容易遗忘的就是预留空间不足或者无预留空间。

以上是作者对"智能建筑"的理解，智能建筑不是其他专业尤其是电气专业的专项。其实"智能建筑"是要求每一个专业都要专心及细心地去研究。尤其作为龙头专业的建筑专业，要起到承上启下，相互连接的作用。作为一个建筑专业的从业者在实际工程中感触颇深。一个"智能建筑"到底其智能化有多高的程度，取决于其开发者的开发定位。同时也取决于一个建筑师的经验和细心程度，只有这两方面有机地结合在一起才能创造出真正意义上的"智能建筑"来。

对比国外"智能建筑"建筑的发展和趋势，我国的"智能建筑"还处于初级阶段。但是随着社会的发展和广大人民群众对智能化的要求的提高，我国的"智能建筑"设计领域有着光明的前景，同时我们建筑设计师对"智能建筑"的理解和国外还有着不小的差距，通过这篇文章的撰写，希望与广大的建筑师共同努力，使我国的"智能建筑"早日与国际接轨。

第二节 建筑智能化与绿色建筑

随着社会的不断进步，国民生活水平的不断提高，人们对生活质量的追求越来越高。智能化建筑概念的不断普及，使越来越多的人更加青睐于新型的智能化建筑。智能化建筑通过系统联动，能有效节能降耗，达到绿色建筑的要求。本节讨论了建筑的原理、技术和系统集成。具体在结构以及建筑施工和运营的基本要求等方面做了相关的阐述。

目前我国城市不断扩建，土地资源紧张。现有的资源越来越跟不上人们消耗资源的步伐。不可再生资源的生产难以长久的满足日益增长的建筑消耗需求。为体现"可持续发展"和"和谐社会"的理念等符合社会发展和顺应时代潮流的理念，可以对现有土地资源升级改造，但是会占用大量的人力和财力。而对现有资源的智能化与绿色化利用比开发新的资源更加有效，旧的土地等资源若是得不到合理的使用，将会进一步破坏生态环境。在人们的思维层面上，建筑应该是以安全第一、舒适第二、健康第三，只有满足这三个要素，绿色建筑的理念才真正落到实处。绿色建筑一定要保障人们居住的舒适程度，但是不会以大量消耗现有资源为代价。它在资源的选用上有了很大的改观，例如传统的资源使用一般都是使用煤炭发电、火力发电，但是现代的资源使用一半能利用风能、太阳能或者是水力发电。这种在能源利用上的转变最大契合了人们要绿色化建筑的观念。例如开发新的节能设备取代原有的高耗能设备。

在建筑中加入智能化系统，使人们的居住环境更加方便、快捷、智能和绿色。建筑智能化与绿色建筑的发展前景非常美好，其中科技创新将在智能化与绿色建筑发展中有很大的提升空间。

一、绿色智能化建筑的概念

在传统建筑建造中，施工以及运行整个产业将会消耗地球上接近一半的水资源、能源和原材料资源，而建筑产业在温室效应方面也带来巨大的负面影响，同时它还会污染水，产生不可降解也不好二次利用的建筑垃圾，同时会产生一些对人体有害的气体。新型的绿色化建筑将会改变这种局面，在能源消耗、材料使用方面始终贯穿绿色理念。建筑智能化以信息技术为辅助，建筑技术和可持续发展为根本。现代社会发展中，不断涌现新技术、新的设备、新的系统，如公共安全管理系统，使人们的居住与办公环境更加舒适便捷和安全。同时环保、节能的理念也融入其中。

建筑智能化与绿色化在日常生活中随处可见。以绿色为理念，智能化为手段，在建筑中贯穿绿色智能化建筑这一个理念。以智能化技术为支撑点，运用新的安全系统，智能化系统以及自动化系统，使人们的居住和工作环境更加舒适和高效。只有人与建筑环境系统的相互协调，才有利于城市的可持续发展。

二、建筑智能化与绿色建筑的具体内容

（一）网络通信与多媒体技术

利用无线通信技术和多媒体技术，使数据、语音、图片等信息的传递更加高效。网络使用物理线路使人们在使用资源的时候能够达到资源共享以能够互相交流信息。通信的具体定义是人们借助和利用不同的信息媒介表达传送信息，在现代社会的发展中，电脑和手机都可以联网，联网后可以借助不同的软件向不同的对象传送信息，这正是通信技术在日常生活中的应用。多媒体技术是指运用电脑技术数字化图像、文字等信息，例如制作动画时利用的是图片合成技术，声音、文字以及影像的结合。将这

些元素整合在一个可以互相传播的界面上，具体在电脑上，这样电脑就成了一个可以展示不同信息媒体的工具。人们获取信息的方式与传统的文字书写，寄信的方式有所区别，这正是信息时代人们在获取信息方面的巨大转变。多媒体技术的这些优点，使得它在信息管理、学校教育，建筑技术方面甚至家庭生活与娱乐方式等领域方面得到普及和利用。

网络通信技术在建筑技术方面的使用正是智能化建筑的理念，多媒体技术使人在建筑中的居住和办公更加舒适便捷高效。

（二）图像显示与视频监控技术

图像显示技术在建筑智能化与绿色建筑方面的使用中，是阴极射线管（CRT）是使用最早且最为广泛的一种显示技术。它的优点为成本低，清晰度、色度均匀丰富等，且人们在 CRT 使用方面的技术已经很成熟。现在白炽灯已经逐渐被人们所淘汰了，发光二极管显示屏（LED）即 LED 灯取代了它。因为在相同的光长下，它更能省电，这一点恰好环保，又为人们节省了在电能方面的消耗。LED 灯美名曰绿色光源，在信号灯、车内灯、液晶显示屏等方面都有着广泛的应用。

（三）IC 卡与系统集成技术

在日常生活中，上班族们已不再使用纸片打卡，而是改成了 IC 打卡。人们消费时，不再是单一使用纸币付款，而是改成了刷卡支付，或者说更进一步变成了支付宝或者微信支付。这都是智能化技术在人们生活中普遍使用的案例。一卡通取代了传统的纸笔记录方式，在全国范围内普及使用 IC 卡技术，将节省大量纸张，同时保护大量的森林资源。这正是绿色环保的理念。

集合现有的信息，更加高效的管理信息还有分享信息，这是一个新的信息管理系统。全面综合化管理各类资源，使各类信息资源更加便捷高效的使用和管理。办公人员在管理信息的时候能够借助系统，使用视频、网络等工具，实现对系统的高效管理。同时警察在办案的时候能够实现信息交流，使得信息能够在全国范围内流通，多地警方互相协助便于抓到罪犯。

三、绿色智能化建筑体系的结构

（一）艺术与建筑的相互结合

美丽的建筑，能够给人们带来美的体验，从而使人身心愉悦。但若是只有美这一个优点，没有什么大的用途，所以美观的建筑只是一个外表。艺术建筑具有抽象性，建筑能够反映一些社会生活，但它是很普通的，不可能像别的意识形态一样有悲剧式、颓废式、喜剧式、漫画式的。它总是平平常常的，不会有过分激烈的情感，但是它就是在那里，潜移默化的给人一种美的体验。长城在现代是世界性遗产，是中华民族的骄傲，但是在古代，它是长期战争的产物，它只是一个工具。综上，建筑具有某种象征性。

（二）绿色设计理念与建筑的融合

在建筑的内部和外部同时落实绿色化的理念。土地应计划性利用，不能无节制地利用，因为土地资源是不可再生的，一旦被使用为建筑用地，若需要再次使用，只能摧毁原有的建筑，在原有地基的基础上使用。所以在开发新土地时，一定要计划使用。在建筑中使用对人体有害的气体或物质建筑材料的使用方面，做到少用甚至杜绝使用。在室内多使用天然植物如绿色植物和鲜花等，可使室内在更加美观的同时调节室内湿度，因为绿色建筑的呼吸作用能够过滤室内气体。

全球气候变暖，海平面不断升高，全球现有陆地面积不断减少。在这种情况下，更要节省土地资源，人们总是误以为现代化建筑很贵，只有高消费人群才可以负担起。其实不然，只是现在的楼盘销售，利用绿色建筑为亮点，将建筑的售价提高，使人们形成一个错误的观念，绿色建筑就是高档建筑。绿色建筑是一个广泛的概念，但是并不是贵。

四、绿色智能化建筑落实的核心

（一）绿色建筑智能化设计和施工是落实过程中的核心

设计智能化管理系统，在用电用水方面，可以统计各种数据以及分析各种数据，例如现有的技术可以根据用水量的多少制定不同的水价，达到潜在提醒人们节约用水的目的。在光源的利用方面，室内建造应进行智能化设计，尽可能利用天然光源，这样可以减少电源的能耗。用节能的设备代替高耗能的设备，设计利用相应的设备使得太阳能能够更加高效的使用转换为其他形式的能量，可以在家家户户推广应用。特别是在风大的地区要利用好风能发电，而在河流多的地方，利用水源，利用可再生资源实现资源的转化利用。

火灾自动报警系统和视频监控系统能在面对危害社会安全的突发事件时，快速疏散人群，同时尽最大可能保障建筑内人员的财产与生命安全。

（二）高效运营管理的要点

运营管理中的资源管理主要是节能节水的管理，实现每家每户分类统计自来水、废水，合理地制定收费标准。绿化方面的运营主要是协助物业的管理，使物业能够检测环境和小区内的各个角落，当发现异常时，能够及时采取应对策略，同时使居民生活在一个自然与城市和谐发展的生态系统之中。综上所述，运营和管理的要点有绿化、网络、材料、资源、废物等方面的综合管理。

人们对生活质量的要求越来越高，建筑应融入绿色化与智能化的建筑理念，同时节能环保，给大众全新的居住和生活体验。

第三节　建筑智能化存在的问题

随着科技的不断进步，人们的生活水平也逐步提高，信息和智能化技术的应用，可以大幅度地提高建筑物的使用效率和舒适度。设计建设出具有智能化功能的符合当今这个时代的建筑，是建筑行业的一个新课题。目前我国建筑的智能化设计及建造过程中还存在诸多问题，需要不断完善。

一、建筑智能化技术应用中存在的问题

随着建筑行业的迅猛发展，智能化技术得到广泛的应用，但随之也出现了一些问题。如智能化整体水平较低、自动化缺乏创新、相关人才的缺失及设计中缺乏相关技术的应用与落实。

（一）智能化整体水平较低

与其他科技强国相比，我国信息化技术起步较晚，所以建筑设计的智能化发展较为缓慢。目前，我国在智能化技术积累及人才培养方面较为欠缺，在施工和设计中的经验较少，无法将信息化技术合理地运用到建筑设计中。因此，建筑智能化整体水平较低。

（二）自动化技术缺乏创新

任何技术都需要通过不断的创新和优化实现技术迭代。我国建筑智能化技术起步较晚，主要借鉴国外成熟技术，自主创新较少，但我国的国情与其他国家不同，部分技术在实际应用中会出现水土不服的问题，因此，需要不断开发适合我国国情的信息自动化技术。自动化是智能化的一种表现形式，只有自动化创新达到较高的水准和要求，才能够促进智能化发展。

（三）缺乏高水平的专业技术

虽然智能化技术已经在我国工程建筑领域中得到了广泛应用，但是人们并没有全面掌握智能化技术的实践经验和理论知识，在核心技术方面，还要借鉴和引进国外的先进技术。另外，我国建筑智能化施工水平不高的主要原因是缺乏成熟的施工计划方案，没有制订完善的施工管理机制，无法充分利用建筑智能化技术的优势。而建筑智

能化工程涉及的技术层面较为广泛，建筑施工人员的知识水平达不到建筑智能化工程的要求，严重影响建筑智能化工程的顺利开展。

二、建筑智能化中相关问题的改进方案

目前，对于建筑智能化相关问题的改进方案主要有：普及智能化应用、敢于进行创新、重视人才的培养及重视智能化技术的全面落实。

（一）在新建筑设计中普及智能化应用

智能化系统的发展离不开长期的应用和实践，人们应该在新的建筑物中推广相关技术的应用，为后面的发展积累数据和经验，促进智能化技术应用的普及和发展，逐步推进我国智能化建筑施工的应用。

（二）要敢于进行创新

我国智能建筑行业整体发展起步较晚，在技术方面落后于国外发达国家，但是也有相应的后发优势。可根据我国的国情和建筑设计的特点，有针对性地开发一些具有中国特色的智能化系统，实现对于智能化技术的创新，提高用户的感知度和接受度。

（三）重视相关人才的培养

智能化技术的发展需要专业技术人才的支持，因此，应该重视对专业人才的培养。尤其要培养具有信息化技术和建筑专业的人才，保证智能化建筑既能符合建筑物本身的要求和规范，又具有智能化的特点。要重视提高基层施工人员的素养，确保设计方案能够落到实处。

（四）重视智能化技术的全面落实

当前智能技术在建筑业已经得到全面的发展，如现场施工中智能建筑系统涉及智能消防、建筑节能等方面。在未来发展中人们还应该强化智能技术在建筑体系中的应用，可通过科学的设计提高建筑物的智能水平。

三、建筑智能化的具体应用场景

（一）出入控制系统智能化改进

建筑物出入控制系统设计是非常基础的设计，可以对其进行智能化升级。现在的出入控制系统是通过控制器、读卡器、出入按钮设施进行人员进出的管理，可以对其进行智能化改造及升级，如通过人脸识别系统、指纹系统来确定进出人员的身份，将相关数据传输到网络中心进行存档并且能对可疑人员进行识别，提高整个建筑物的安全水平。

（二）建筑照明系统的智能化改进

照明用电的能耗是建筑能耗的主体，可以通过智能化技术对整个建筑物的照明系统进行智能调节，以降低整个建筑物的能源消耗。可通过磁力调节和电子感应技术，对建筑物内居民的用电情况进行监测。然后根据室内人员的活动情况，对相应区域进行合理优化，有利于延长设备寿命，实现有效节能。

（三）在建筑节能方面的智能化改进

除了文章提到的照明系统之外，水循环系统、建筑物通风系统、建筑物内的电梯等，各种系统都可以通过智能化改造来提高其使用效率，通过对使用者的监控来实现合理的资源分配，以达到降低整个建筑物能耗的目的。

信息化和智能化技术的发展推动了我国建筑智能化的进程，但与发达国家还存在的一定的差距。正是因为存在差距，我国的智能化建筑拥有更大的发展空间。因此，应该重视智能技术的应用，注重相关人才的培养，促使智能化技术能够在建筑行业当中发挥其应有的作用，提高建筑物的安全性、舒适性和环保性，以促进我国建筑行业的可持续发展。

第四节　建筑智能化之路

说起智能，现在很潮。似乎所有的产品都可以贯以"智能"的称号，至于它智在哪里，是否所有能执行命令的机器都是"智能"呢？其实大多数所谓的"智能"并非是真正意义上的智能。在我们身边，其实自然界中有很多智能的现象，宇宙中的天体效应、地球的重力感应、磁石的磁铁感应等等，这些就是最原始也最具前景的自然界智能现象。从一定意义上来说，建筑智能化真的不一定要全部押注在信息化和物联化等设备管理上。

一、传统建筑的智能措施

中国建筑史源远流长，传统建筑中也有很多有价值的智能措施。古代建城造园，从单体选型到群落组合及门窗开向、屋面选色等都直接影响着建筑的主动节能。回到本质，建筑智能化的目的是为人类提供更舒适更健康的人性化生活及生产空间。结合传统四合院，从宏观上来讲，整个院落都依山傍水，其间种植花草树木，不仅增加了空气温度、湿度，还增添了不少乐趣。而单体建设遵循坐北朝南的原则，这种做法争取了更多的日照，而采用深色瓦屋面更能吸收更多的辐射热，顺应主导风向开窗则更增加了室内通风，同时也避开了冬季主导寒流。竣工后再在梁柱间施以红蓝相间的彩绘，不仅增加了文化氛围，更给业主带来了愉悦的心理感受。这些就是建筑用语言在阐述着以人为本、住户至上的原生智能。现今采用诸多科技手段：增加中央空调恒温加湿、暖气、背景音乐，不都是为了更加舒适，舒缓人心吗？但古人利用面向赤道建房采暖，利用万有引力组织雨流，利用地热资源治疗疾病，利用建筑美感净化心灵，是不是无形中的智能呢？这些都是最原始也是最有研究价值和前景的智能化，是建筑智能化利用的初级阶段。

二、现代建筑对智能的发展利用

在欧美，智能化建筑自 21 世纪以来得到了快速发展，已经独立成了一个独立的行业。而当代都市化、城镇化之路更将人和建筑都塞进了拥挤的城市空间，从上级建设主管机关伊始，具体到各地建设公司包括从业负责人，一致认定在当代建筑设计中，智能化系统在建筑中的应用是大势所趋的。目前最全面的建筑智能基本要求是：应具有完整的控制、管理、维护和通信设施；以便安全管理、环境控制、监视报警。总而言之，智能化建筑应实现设备方面自动化，通信方面高性能化，建筑本身柔性化。由于采用了服务化的管理，智能建筑已经可提供优越的生存条件和较高的工作效率。空调恒温和标准照度加上绿色清静的人造环境让人感到舒适。总结起来，和普通的传统建筑相比，智能化建筑具备了以下特性：

①具备了良好的接收和反应信息的能力，提高了人们的工效；②提高了建筑本身的安全舒适和便捷性，节能效果良好；③各类设备的有效控制，提高环境舒适性的同时，节能效果也很明显，可达 15% 至 20% 左右，一方面可以降低机电设备的成本，另一方面则因为系统使用了高度集成，所以，操作和管理也高度集中，进而人工成本也能降到最低。

而令人遗憾，目前国内 95% 的建筑都是高效能建筑，这些矗立在"水泥森林"中的大型建筑，每年都在消耗大量的能源。可见，粗放式能源管理的方式已经不能适应低碳社会的发展要求了。

但建筑局限于配套设备方面，不足以实现真正的智能化。我认为可以从本身以及配套设备四个方面深化。

①建筑自身结构要符合智能化。譬如小开间设计，可分可并。而楼板跨度设计也必须是开放的大跨度建筑结构，这样就可允许业主迅速方便地改变其使用功能，或者根据需要临时布置平面布局。比如开间设计为活动式的隔断，甚至楼板也能活动，大空间的可以分为小工位的隔间，每个工位处的楼板由简单的小块板拼成，这样，开间和隔墙的布置就可以随着需要灵活变更。②综合布线也应做变跳考虑，就可快速改变插座功能。通信与电力的供应设计也应该有很大的灵活性，这样，通过结构化的综合

布线系统，就可以在室内分布多种标准的弱电与强电插座，紧急时只需改变接线，就能改变插座的功能。远程控制电话接口也能变为通信接口。③当下很多中央空调并不符合卫生标准，以至于通风成为传播疾病的媒介之一。国外把这类引起精神萎靡不振，甚至频繁生病的大楼称之为"sick Building Syndrome"大厦。但是智能化最重要的是要确保使用者的安全和健康，因此防火与保安系统等的智能化便首当其冲，面对火灾和非法入侵等时可及时发出警报，并采取有效措施及时制止蔓延。未来在空调系统中装设能监测出空气有害污染物含量的设备，启动自动消毒，使之成为"安全健康大厦"。同时，智能对于温度湿度以及照度均应自动调节、控制噪声，从而使人心情舒畅，提高品质。④通过利用远程通信系统，使办公自动化系统从信息孤立的建筑物变为广域网的一个接点。远近通讯配合，使用户通过身边的电话机，就可以控制给定值的变更以及测试值的确认；运行状态的通知等。从而使接在办公自动化的区域网络上的个人电脑、工作站获得建筑物管理信息，使预约管理系统与空调运行结合起来实现联动。甚至还可使建筑物的管理系统收集到与办公自动化相匹配的财务管理。

三、未来建筑的智能方向

智能化建筑正在随着科学技术的进步而逐渐发展和充实。电脑的数字通信技术和图形显示技术的进步，正在推动着建筑在智能化方面的飞速发展。或许可以推测，在不远的未来，智能化主要依托几方面来逐步实现。

①预测灾害及高效利用建筑面积。建筑基础底面可装设特定仪器设备，感知未来几天或者几百里外的地震信息，主要是和天气预测及地震预测信息发部部门端口相对接，在基础上装设可移动支座，在灾害来临时允许有适当位移而保证建筑不至于倒塌。这类技术在日本已有初步研究。室内设计为可移动式墙体，通过运动感应来调节两个空间的大小以适应因面积过小而影响使用的空间，墙面设计为嵌入式家电及吊顶的可变换使用等。②主动能源节约。弱电感应、节水、节电等传统手段应越来越成熟，建筑从现在的被动式节能逐渐走向主动式节能。比如在水龙头内安装高灵敏度的传感器，在电价分时收费的地区安装特斯拉电池组一类的自动低价时段蓄能设施，高度整合高效能的温控，资源管理系统；建筑材料根据季节变换时自动调节导热及色差及太阳能和风能的转换技术应用到民用建筑中等等。③建筑的自我学习。建筑内的设备应有记忆功能，记录住户的生活习惯数据。通过记忆，调整资源分配或信道开关，以减少等待时间，提升居住体验等。建筑还可通过人物活动习惯顺序先后及生理特征识别，发现是盗窃等事故时，快速通过互联信息告知主人或物管公司等。④主动减低噪声及建筑美感带来的心情愉悦。城市噪声一直是市民最烦恼的问题，是使人患上神经来疾病的源头之一。是否能像蝙蝠的超声波那样，把噪声通过吸收及反射，从而创造一个宁静祥和的居住空间值得探讨。建筑美虽然看起来和智能化毫不相干，但人类是情感动

物，外在视觉的感触是影响内在情绪的主要原因，有的场面会给人带来震撼，有的场面会给人带来哀伤，有的色彩给人兴奋，也有的色彩给人和谐。

人类文明和科技的与时俱进，建筑智能化在未来会大有可观而且是必然趋势。在自然极端环境越来越频发的未来，洪水、火灾难不再威胁到人类，地震、风雪不再摧残我们的家园。取而代之的是，更灵敏的传感器、更大范围的动作端，更高效的资源调控机制，更好地顺应自然、适应自然。相信建筑会真正走向智能化，人与建筑在不远的未来将与人类和谐共生。

第五节　建筑智能化与建筑节能

在社会快速发展期间，对于建筑的需求也在不断上升。智能技术的快速发展，出现了一大批智能建筑。国家及地区政府部门对于智能建筑的关注度不断提升，并且结合实际发展需求，制定满足建筑发展的政策法规。智能建筑发展期间，也存在较多问题，因此必须提出相应措施解决现存问题，希望能够对相关人员起到参考性价值。

智能建筑是随着信息技术与科技技术发展，衍生的新型技术。相比于传统建筑来说，智能建筑具备多种优势特点。按照当前学者的研究报道，建筑节能技术的应用效果已经成为热点研究话题，并且提出了相应的技术要求，希望能够全面应用建筑节能技术，全面满足人们对于现代化建筑的需求。

一、建筑智能化与建筑节能的现状分析

随着我国建筑行业的快速发展，城市化发展过程中，相应突出了建筑行业的发展地位。然而由于能源消耗问题日益严峻，导致建筑工程能源消耗问题也比较严重。在建筑行业发展期间，能源节约已经成为重要课题。按照相关学者的统计数据能够看出，建筑行业的人员消耗占据社会总消耗量的30%，并且没有充分发挥出人员的实际作用，从而导致能源资源浪费情况比较严重，导致该种现象的原因主要包括一些方面：第一，建筑智能化发展过程中，工程人员的思想理念比较落后，所采用的施工技术也不先进，在具体施工建设期间也没有做好监督与管理工作，从而导致能源资源浪费问题日益严重。第二，通过分析建筑行业发展现状能够看出，多数建筑人员缺乏节能意识，在施工建设期间，会由于追赶施工工期，而不注重绿色节能问题，从而导致资源浪费率提升。

二、建筑智能化与建筑节能的特点分析

通过分析和研究建筑智能技术与建筑节能能够看出，其所具备的特点主要包括以

下方面；第一，高度结合的系统。智能化建筑中，可以采用计算机网络技术，优化集合不同子系统的功能信息，将其纳入统一关联系统中，以此满足人们对于智能建筑的需求，并且展现出传统建筑与智能建筑之间的区别。第二，节能减排效应。相比于传统建筑来说，智能建筑主要通过自然风和自然光，对建筑室内光线和温度进行调节，以此满足人们对于建筑光线与温度的需求，实现节能减排效果。第三，降低维修系统成本。通过相关学者的研究能够看出，建筑在运营维护阶段，所需要花费的成本明显高于建筑施工阶段。对于智能建筑来说，智能技术多应用自然风与太阳光实现暖通效果，有助于降低建设成本，且应用智能建筑技术后，还能够降低环境污染程度。

三、智能化技术在建筑节能中的应用

（一）建筑自动化控制应用

当前，电气工程施工建设已经成为建筑工程的重要环节。传统建筑施工方案中，比较关注工程主体施工，忽略了电气工程施工的重要性。自动化控制涉及较多控制内容，其中以神经网络控制为主。该控制方式能够反复学习运算，通过子系统，可以对转子速度与其他参数进行调节。神经网络控制也应用到信号处理中，部分控制设备可以代替 PID 控制器，实现相互协作方式。

（二）在建筑电气故障中的应用

当前所应用的智能化技术，能够有效作用于突发情况处理中。不管是运行流程，还是操作方式，都可以为电气设备提供参考价值，以此找寻出最佳处理措施。在电网系统现代化发展过程中，对于电气工程故障诊断的要求也不断提升，如果不能在短时间内寻找问题根源，将会导致后续应用存在较多问题。当前，人工智能已经被作为故障诊断方法，并且联合 ANN、ES 技术，按照长期经验总结，可以将理论知识更好地应用到实践中。

（三）电气优化设计中的应用

建筑电气自动化与管理应用实践中，涉及设计工序，整个设计过程的复杂性比较高。设计人员应当具备扎实的电气知识和磁力知识，在具体应用期间，通过知识技能可以不断提升运行效益。基于智能化模式，设计建筑电气工程时，应当结合专业理论知识和经验积累，对设计内容和方法进行优化。在智能化技术支持下，通过计算机辅助软件能够明显缩短设计时间，确保设计方案的科学性和合理性。

（四）火灾报警系统

现阶段，大部分智能建筑的楼层比较高，且依赖于电子设备运行。电子设备运行期间会产生热源，再加上不同设备的信号干扰问题，极易引发火灾，安全隐患比较大。

鉴于此，在施工建设期间，应当安装火灾报警系统，并且联合灭火系统、火灾监测系统、自动报警系统，建立一体化安防体系。同时，工程人员应当严格控制工程质量，能够在火灾隐患发生时及时做出相关安全警示，以此降低故障安全隐患的影响程度。

（五）智能照明系统

照明系统控制具备自动化特点，遥控开关能够对照明灯具的亮度进行自动调节。在大空间顶部安装接收器，利用遥控器能够对照明系统进行控制。照明系统的控制设备还包含开关灯同步门锁功能和红外传感器功能。多数建筑照明系统都采用人工照明方式，并且包含建筑自动喷淋系统、回/送风口、烟雾探测器等。基于电子控制的照明系统已经被广泛应用到智能建筑中，且开始应用非中心化照明系统实现绿色环保要求。

（六）能耗计量

在建筑智能化发展过程中，研发出建筑能耗计量系统，能够对建筑内安装分类与分项能耗进行计量，采集建筑能耗数据，在线监测建筑能耗，并且实现实时动态分析。分类能耗是按照建筑能源种类所划分的能耗数据，包括电、气、水数据等，所应用的分类能耗计量装置为热量表、燃气表、水表以及电表等分项能耗是按照不同能源的用途划分，采集和整理能耗数据，包括空调能耗、照明能耗、动力能耗以及特殊能耗等。

四、建筑智能化技术与建筑节能的发展措施

（一）提升资金投入力度

建筑智能化发展期间，企业会受到资金限制影响，影响建筑智能化技术和建筑节能的发展。因此对于智能建筑节能技术发展实际，国家和政府应当制定满足建筑行业发展的制度规范，提供合理有效的发展环境。建筑施工企业应当在现代发展趋势下，响应国家号召，注重智能化技术与节能技术的投入，并且注重新技术的研发。此外，在施工建设期间，还应当寻找科学的管理措施，在具体施工中应用智能化技术，不断提升企业的市场竞争实力，有助于促进企业可持续发展。

（二）注重节能环保理念宣传

对于施工企业来说，既要提升建筑智能技术与节能技术的资金投入力度，还应当宣传节能意识，确保所有工程人员都能够具备节能思想，将其落实到具体施工中。只有确保员工内心具备节能环保意识，才可以具体到实际建设行为中。

（三）推广应用新能源

各行业领域在发展期间，都会消耗能源和资源。由于建筑行业是能源消耗比较大的行业，且可以应用的能源比较单一，因此对于建筑行业来说，应当满足时代发展要求，

科学合理地应用新能源。这样既可以降低能源与资源消耗，还能够完成项目施工对于节能技术的需求。北方地区供暖季节中，可以降低煤炭资源的消耗量，多应用地热能源，吸收土壤能源，将其转化为热能。这样既可以降低能源消耗，还不会对环境造成污染影响。地热能源是可再生资源，能够多次反复应用。

（四）推广应用环保材料

相比于传统建筑来说，智能建筑在施工建设期间能够减少建筑材料的使用量，降低能源与资源消耗。由于能源问题已经成为社会发展的重要问题，施工企业必须将现代节能技术应用到具体施工中，通过应用新型环保型材料，可以将传统施工技术逐渐转化为智能技术，这样可以促进建筑智能化发展。比如在具体施工时间，可以应用外墙保温苯板，其不仅具备良好的抗压性能和耐冲击性能，并且保温效果良好，因此被广泛应用到智能建筑施工过程中。

综上所述，此次研究通过分析建筑智能化与建筑节能，针对技术能力问题、设备使用问题以及管理水平问题，提出相应的解决措施，包括提升资金投入力度、注重节能环保理念宣传、推广应用新能源以及推广应用环保材料，这样能够提升建筑智能化与节能化水平，有助于促进整个建筑行业的长久稳定发展。

第六节　建筑智能化系统的结构和集成

随着生产力的快速发展，我国国民经济发展速度逐渐加快，建筑行业朝着更加智能化和科技化的方向发展。21世纪，智能化的建筑系统是现代信息社会发展的必然趋势。建筑智能化不仅可以提高社会生产力，而且可以改变人们的生活方式。因此，智能化的建筑对传统建筑的发展提出了更高的要求。因此，在此基础上分析我国智能化建筑的结构和集成系统，希望可以促进我国现代建筑行业的良好发展。

随着信息时代的全面到来，现代信息技术逐渐融入建筑当中，智能建筑是未来发展的必然趋势。在新时代的经济发展中，社会整体上朝着更加信息化、智能化的方向发展迈进，其中，智能化的主旨是为了向人类提供更人性化的服务，最大限度地利用社会上的资源。建筑智能化的系统是通过一种集成的方式，将各个子系统在总系统的支配下统一协调地开展工作，在同一个目标中，又把各个子系统利用一定的方式和技术有机地联系起来。在此过程中，信息媒介发挥着重要的作用，整个系统的集成和其他工作的开展都是通过计算机网络进行的。我国科学技术的进步，对建设智能化的系统给予了巨大的支持。智能化建筑的出现，在很大程度上改变了以往的居住方式，为人类带来新的体验和感受，让居民的生活更舒适。

一、建筑智能化系统的结构

（一）办公自动化系统

办公自动化管理系统是我国建筑智能化系统的重要组成部分，主要包括卫星设备、有线电视设备、预备预警装置和广播系统等，属于建筑内外联系的智能系统。办公自动化系统的核心目的是让企业内部的工作人员方便沟通和交流，有效地进行信息共享，高效率地进行办公。办公系统自动化中，重点包括三个形式：管理型、决策型和办公事物型。不同的服务系统，满足企业中的不同需求，提供人性化的服务，更能彰显智能化建筑的魅力。

（二）楼宇自动化系统

在智能化建筑系统中，这项系统中的主要功能是自动监控系统。目前，在各个建筑行业中基本上都设有监控系统，主要是为了保障居住人员的人身安全以及财务安全，监控的普及是智能化建筑中的重要部分，一是可以实现对较大楼房内各类机电设备的管理和控制。二是通过对外界环境的变化的感知，可以实现自动对设备的调节，使其在运行的过程中具有较好的工作状态。

（三）消防自动化系统

消防自动化系统可以及时预警建筑中发生的火灾事故，是在防火灾的基础原理上建立起来的。实践证明，消防自动化系统可以及时发现烟雾和火灾等实施自动化报警处置。为了防止火灾等其他危害的发生，在建筑建设的过程中会设有警报系统，进一步提高建筑的安全性。另外，在安全防范系统中主要含有入侵警报系统、视频监控、出入口监控、地下车库管理等，其设置的主要的目的是减少刑事犯罪等的发生。

（四）安保自动化系统

在这个系统中主要包括：一是防盗警报系统。在建筑内设置探测器系统，可以在发生入侵时发出警报声，并和照明同步进行。二是可燃气体警报系统，可以实现对有害气体，如煤气等漏气现象的检测，以及对漏水、漏电的检测。三是电子巡逻报警系统，主要使用的是红外线入侵设备和地音探测设备等。四是门禁控制系统，最新的门禁系统主要有刷卡进门、手动按钮开门等。

二、建筑智能化系统集成

（一）系统集成的内容

在相关规定中清晰地指出，智能化建筑系统集成的定义是指在智能化的建筑中，把具有不同功能的各个子系统通过一定的技术和手段，在物理上、逻辑上、功能上链接起来，从而可以实现资源和信息的共享。在智能化建筑系统集成中，是用最具有优化意义的统筹设计给用户带来更人性化的服务和使用环境。为用户提供更完整的智能化服务系统，满足广大用户的各项需求，最大限度地提高系统集成后的各项功能的附加值，为用户带来不一样的科技体验。

（二）系统集成的主要特点

（1）整体性和多样性。智能化的建筑中系统集成包括智能化系统中的各个子系统部分：办公智能化、通讯自动化、楼房控制自动化、消防警报、监控、通信设备等系统。系统的集成不是这些部分的简单堆积和累加，是需要运用技术科学合理地进行集成和累加，因此，要重视其技术的运用。智能化建筑系统集成中的整体性主要体现在对整个系统中子系统间的信息传递、共享和管理层面的支持，从而使各个子系统可以满足智能化建筑中的各项要求。

（2）安全可靠性和管理智能化。智能化建筑存在的根本目的是维护建筑的安全与稳定。智能建筑的稳定运行建立在系统集成的基础上，促进共享信息的安全性。同时，建筑系统集成具备智能化管理的特点，其实，建筑系统集成就是一种网络的智能化。在实际的运行中，智能化网络同样是建立在工业的标准之上的智能化集成系统，可以在一定程度上保障资源在整个智能系统中的共享，从而加强对现代建筑的管理。

（3）适应性和扩展性。建筑智能化的系统中需要不断地更新和升级，以此来保障建筑系统的稳定运营。因此，系统的集成必须要具备较强的扩展能力，来满足系统的升级和更新。这主要是指在对系统的端部的数量、网络宽带和类型、延时等要求增强的同时，还需要在现有的系统设置中增加新的设置，并且革新技术，改善硬件的环境。这个环节中要注意在不改变用户软件的基础上与原设备进行连接。

三、建筑智能化系统集成的实现

（一）设备集成

在建筑智能化系统中，设备集成主要是在根据用户要求的基础上，对所使用的各种各样的产品进行具体的使用。在此所使用的集成方法，重点使用在各个分支系统构建的过程汇总。比如，在组建安保系统时，可以挑选一些厂家，分别购买一些探测器、摄像头、主机、监视显示屏等设备，再组装到一起。

（二）技术集成

技术集成主要是指在系统集成的过程中，使用当下最先进的信息技术以及手段，达到系统集成的动能要求，同时，也可以满足建筑行业的要求。一些厂家为了保证在市场中的地位并扩大市场占有额度，需要对所使用的技术进行创新，对设备进行更新换代。但是，大部分厂商只是在局部进行创新，更多的是保护他们所使用的已有技术。一方面，这些厂商希望在市场中占据领先的位置；另一方面为了迎合用户的需要，重视对技术的升级和扩展。

（三）功能集成

功能集成是以用户实际应用和发展需求为出发点，站在功能的层面上进行科学合理的调配，使其可以有效发挥其功能价值和作用，使智能化建筑系统的功能发挥到最大。功能集成不是要突出使用了多少先进的技术和设置，重点是要彰显在整个系统运作中，是以何种状态和功能展开的运行。因此，在功能集成上，要考虑得更加全面，确保在达到功能的标准下，实现低造价，追求对用户投资的保护。

综上所述，在新时代和经济全球化的背景下，随着我国经济的快速发展，建筑规模逐渐扩大，人们愈加重视居住的环境和质量。智能化建筑在全世界的国家中得到了较快的推动和建设，尤其是一些西方发达国家，在建筑行业中更加重视其智能化的发展。对于建筑智能化系统需要的技术，相关人员必须要有深刻的理解，充分掌握其核心的技术，促进建筑智能化系统的快速发展，不断提高人们居住的舒适性、安全性。

第五章 生态建筑设计

第一节 生态建筑设计的生态建筑观

生态建筑观是整个建筑设计中的重要因素，国家对生态建筑观的重视程度也是与日俱增，因为它是一种新的建筑设计理念与思维，良好的生态建筑观可以为人们提供健康和舒适的居住环境，并且完全符合我国可持续发展战略。本节就对生态建筑设计为什么需要建立在整体生态价值观上展开分析探讨。

我国的工业和建筑方面高速发展，这种迅速发展为我国的社会带来了很多好处，使得我们的生活更加便利、舒适，城市更繁华。但是在我国经济飞速发展的背后存在着很多弊端，那就是对自然环境的破坏，资源过度开采浪费严重，生态环境污染严重等问题频频出现。在这种影响下，我国现阶段将保护环境列为发展的重中之重，生态建筑观就是建立在这种形式之上的。

一、生态建筑观的概念

生态建筑观就是将建筑看成一个生态系统，在这个系统中，人、建筑、植物、能源共同构成了一个有机整体，通过合理组织利用这个系统内的各种生物和非生物因素，使物质和能源在建筑生态系统内部有秩序地循环转换，获得一种高效、低耗、无废、无污、生态平衡的建筑环境。目前我国的建筑行业不断地发展，建设步伐不断加快，把生态学加入到建筑学当中是唯一能够遵从国家生态持续发展的办法，不仅使得生态环境得到了保护，民众的生活环境也变得舒适了许多。生态建筑观可以使得建筑设计过程中的资源合理化，建立起一种生态建筑环境。

二、生态建筑观念的优势

一般认为，生态建筑观念包括以下几个方面：

第一，建筑设计室内优化。在设计建筑时首要目标是要做到居住环境的优化，保证居住环境的舒适，并且要建立一个健康无害的生活环境。第二，建立一个不污染自然环境的理念。生态建筑最重要的就是在建筑环节当中对自然环境的保护，同时也要利用建筑地周围的自然条件，能够使得建筑施工过程中可以充分利用各类资源，使得建筑消耗有所降低。第三，回收资源。不管是哪类建筑，都要尽量做到在建筑完毕后建筑资源的回收，尤其是对自然环境有害的物质，一定要用适宜的方法解决掉，实现建筑资源的回收再利用，减少建筑成本。第四，朝向问题。目前我国的建筑物朝向都是冲南偏西的，想要保证舒适的居住环境，就一定要选择一个良好的朝向，尤其是中国北方地区，对于抵抗冬日的严寒，建筑物朝阳是必不可少的。

三、生态建筑观在建设设计中的表现形式

上面我们也说到，生态建筑观的概念理解比较抽象，想要在思维中形成对该概念的具体了解，需要结合生活中的各个实例。例如生态环境中的植被，生态空间以及建筑材料等，而想要更多地了解生态建筑观就要熟知建筑设计理念，生态建筑设计包括节能减排、绿化、通风、空气质量的优化等。

生态建筑观理念大体可以理解为自然的有效结合。人作为生态建筑观的主要领导者，不仅对生态建筑建设产生影响，还主导着各个自然资源之间的关系，建筑是人通过不断地思考设计出来的，设计师需要多方面的考虑建筑与生态之间的关系，而建筑周围又不能缺少绿地园林，它是一个生态建筑观创立的重要基础。生态建筑观难免会与生态能源所挂钩，但是现今建筑环节中，大多数还是以不可再生能源为建筑素材，大量使用石油、煤炭以及天然气，现阶段这些能源完全可以利用可再生资源，例如电力、热能等替代。

四、生态建筑设计的原则

生态建筑设计涉及的方面很多，直接影响到的是居民的舒适度和自然环境的生态完整性，基于此，生态建筑观在应用于建筑时应遵从以下原则。

（一）健康原则

健康是我们生活中最关心的事情之一，而生态建筑中的健康指的是居民的身心健康。前文说到生态建筑要建设在适宜的条件下，不管是温度、湿度、日照与通风都要达到最优，这样才能保障不会由于居住环境而影响居民身体健康，这也是人们的基本生理需求。除了这些因素以外，还有建筑材料以及装修材料中有些存在对人体有损害的物质，加强对这类产品选购知识的普及和产品的监管是十分重要的。

（二）环保性原则

建筑建设需要保证生态系统的完好性，在建设过程中保护生态环境，切不可为了

建筑完成率和效率肆意妄为地破坏生态环境，同时建筑过程中减少建筑垃圾的丢弃和建筑废弃物的排放，减少对空气的污染和空地的占用，形成一个健康美观的自然环境。同时在建筑过程中可以使用一些清洁能源，例如多采用太阳能发电、地热能等等。

（三）舒适性原则

生态建筑观应当基于舒适性的建立。我们可以通过加大绿化面积来提升居民居住的舒适性，例如在建设过程中多留些空地，在建筑完工后，可以在之前留有的空地处建设绿化，不仅可以使居民有愉悦的心情，而且还净化了空气。其次在建筑时选择好的地段，最好处在公路或者轻轨站旁边，这样可以提升居民在外出时的便利性，尤其是对于中老年人来说。

五、生态建筑观在建筑设计中的应用

生态建筑观是建筑设计中的重要理念，建筑环境规划、生态建筑方案的设计以及建筑节能化都与生态价值观息息相关。

生态建筑设计注重的就是自然环境和人为环境，所以生态建筑在建设时要使建筑环境和周围其他的环境融为一体，形成一个统一的有机整体；生态建筑方案的实践是树立正确生态建筑观最重要的一点，在方案设计时不仅要遵从可持续发展的原则，也要尊重自然的多样性；生态建筑观中主要推广的就是节能建筑，作为生态建筑观念中的一分子，在建筑时就要保证建筑物的结构简单，使用能耗低以及后期的维修费用低等方面。

综上所述，建筑行业的生态理念是未来发展的必由之路，只有生态建筑发展起来，环境保护才可能和建筑行业完整结合在一起。生态建筑就是要走可持续发展的道路，做到人、建筑、自然环境有效统一，保护生态环境。

第二节　生态建筑表皮设计

生态建筑表皮设计要求以实现生态环境的可持续发展来作为基本原则。其中低技术的应用更有助于生态建筑表皮设计理念的实现，在建造过程中采用低技术能够尽可能地保护自然环境，从而最大限度地把建筑融于自然；在实际设计过程中主张利用最适宜的技术手段，从而达到生态性能满足的目的。

一、生态建筑表皮设计原则

生态建筑表皮设计涉及面广，牵扯因素比较多。因此在实际设计过程中就需要进行全盘考虑，要考虑到可行性，同时还要考虑对环境造成的影响。对于具体的原则主要有以下几项。

（一）实现功能原则

这是生态建筑表皮设计的基础。在设计过程中，必须以建筑的功能、建造的目标为出发点进行设计。同时，由于设计者通常运用多层表皮组合的方式来实现功能目标，因此，设计者应考虑整体功能最优化问题，对构成多层表皮功能的不同构件进行科学协调处理，尽量协调好各构件之间的矛盾关系，努力使得各构件组合起来的功能大于单个构件功能的总和，使各个构件系统能够发挥其最大功能，同时还能够做到相辅相成。

（二）保护自然生态环境原则

生态建筑表皮设计与传统建筑表皮设计最为典型的区别就在于，生态建筑表皮设计更加重视对自然环境的尊重与保护，正是因为这种意识才产生了生态建筑这样一种新的建筑类型。具体在设计过程中就是要能够正确处理建筑同环境之间的关系。对于建筑的朝向、选址、气候、地形等因素进行充分考虑。对于可再生能源应该充分利用，自然能源的使用不仅有利于墙壁、屋顶防热等，还可以有效降低建筑成本。在选择材料的时候要尽量采用环保的、可循环使用的材料，在选择技术的时候应该选择那些具有地域特色的技术。对于土地资源也应该进行合理的开发规划，要进一步节约用地。

（三）弹性原则

弹性原则是一项非常重要的原则，从生态的概念来看，它并非一成不变的。生态建筑的弹性具体地表现在对绿色节能设备和对生态建筑结构的灵活把握上。坚持弹性原则，这就要求我们在实际工作中，一是应该充分考虑建筑的成长性，具体表现为预留地基基础、预留周边发展环境以及预先考虑表皮的承重等。对这些方面都应该进行科学考察。二是应该充分考虑建筑的可更新性，它主要指的是应该选择便于对建筑进行保养、修葺、更新的表皮。选择这样的表皮也是出于实用性的考虑。三是应该充分考虑建筑的耐久性。这点主要体现在建筑材料上，建筑材料的耐久性将会直接影响到整个表皮的性能。为了保证表皮的质量就应该选择那些耐久性较强的建筑材料。

（四）美学原则

建筑本身是要以美的形式表达出来的，生态建筑表皮设计本身也是一种艺术的体现。为了体现出建筑的美就需要坚持美学原则。这是建筑的高层次要求，建筑之所以保存下来，一大部分原因源于它被认为是艺术，它的美学价值超过了其实用功能。建筑物艺术之所以能够得到升华就在于如此。在生态建筑表皮设计过程中坚持美学原则就是要使得使用者精神愉悦，同时还应该有助于建筑物情感的表达。这样才能够真正满足实际要求。

（五）合理建造原则

合理建造原则是人们在实际工作中摸索出来的一项非常重要的原则。所谓合理建造具体指的是要选择合适的材料、合适的技术以及形式表达的真实性。同时，为了满足实际要求，在工作中就是要能够做到具体情况具体分析，尽可能地表达出设计的构思，真正表达出建筑的时代精神，把形式同建筑风格和地域性相融合，最终形成一种功能性、地方性的形式。

二、生态建筑表皮设计的影响因素

在生态建筑表皮设计过程中，涉及面广，影响因素也非常多。对这些影响因素就应该进行充分考察。只有真正全面充分地考虑这些影响因素才能够实现科学有效的设计，这些影响因素具体表现为以下几个方面。

（一）材料

材料同建筑表皮设计之间也是有着密切联系的，对其功能的实现发挥着关键作用。从当前生态建筑表皮所使用的材料来看有传统材料和非传统材料，呈多样性。其中传统材料主要指的是木材、清水混凝土以及石材等；非传统材料主要指的是直接采用太阳能电池板作为建筑的表皮，应该对这些不同形式的材料进行科学分析。此外，不同材料之间的协调配合将直接影响到材料整体功能的发挥，为了充分发挥材料作用使得整体功能最优，对于相关的建筑材料应该符合多元性原则，只有这样才能够形成完整的表皮建筑层，进而实现自然采光、保温隔热等功能。

（二）绿化

随着时代的发展，人们环保意识的增强，绿化系统越来越多地被建筑设计所考虑，绿化系统所发挥的作用也越来越受到关注。垂直绿化是一项非常有效的措施，通过采用这样一种措施，一方面是能够美化环境、净化空气，另一方面就是能够有效地遮挡阳光直射，降低室内温度，节省能源损耗，同时起到降低噪声、抵挡风沙的目的。

（三）规划与实用性

在生态建筑表皮设计过程中规划是一个非常重要的环节，规划是否科学合理将会直接影响到生态建筑表皮的性能。一方面生态建筑表皮的设计不能够影响并破坏到周边的生态环境；另一方面对于建筑表皮形式美和实用性之间也要进行正确处理，要以满足实用性的前提，在此基础上再追求形式美。

（四）技术条件

技术条件是影响和限制生态建筑表皮设计的一项重要因素，技术条件好坏将会直接影响到整个生态建筑表皮的性能。低技术、高技术和适宜技术是三种不同的技术条件，在这三种技术条件下应该采用相对应的策略，这样才能够取得实效。从低技术条件来看，它主张在传统建筑构造技术基础上根据资源环境具体要求来改造重组再利用，强调就地取材，因地制宜地选择技术等。从高技术条件来看，其典型特点是高成本、高效益以及技术导向性比较强，在实际施工中强调采用先进的材料、较高的技术和管理水平。从适宜技术条件来看，这是一项能够同当地自然、经济社会相对应的技术条件，是能够取得最佳综合效益的技术体系。

三、生态建筑表皮设计建议

（一）对建筑形体的重塑

在实际工作中生态建筑表皮能够实现对建筑形体的重塑，从当前的实际情况来看，对建筑形体的重塑已经成为生态建筑表皮设计的一项重要内容。

异形体型。异形体型通常是要受到建筑独有的地段的限制的，通常情况下为了满足自然采光、自然通风等要求，在工作中往往是要利用异型表皮形态来呈现出独特的体型。如北德清算银行和伦敦市政厅是最为典型的异型体型。

坡屋面。坡屋面是一种新型形态，对于这样一种形式也应该引起重视。从坡屋面的设计来看，戴维·劳伦斯会议中心是个典型代表，其垂曲面的坡屋顶设计是出于自然通风的考虑。

（二）比例和稳定

在实际设计过程中对生态建筑表皮的比例和稳定性进行深入分析有助于提升表皮性能。比例的设计将会直接影响到性能，进而会影响到其稳定性。

所谓比例，主要指的是建筑物整体和局部的比例关系。在生态建筑物中表皮通常是由多种表皮材料组成的，为了满足需要这些表皮材料往往需要利用一定比例关系布置才能够使其具有美的形式。此外，生态建筑表皮尺度实际上是关系到整个表皮的性能的。适宜的尺度往往能够给人以舒适、美好的享受。尺度本身可以分为正常尺度、夸张尺度和亲切尺度。阿拉伯世界研究中心是正常尺度的代表，该建筑从控光功能、自然采光以及适当尺度等方面来看都是和图书阅览需求相适应的，其中采光控光构件可以分为大、中、小三个层次。最大的比人面部要大、最小的则只有巴掌大小，均在人体可控范围，即所谓正常尺度。德国柏林国会大厦是夸张尺度的代表，大厦中的遮阳构件同高大的玻璃穹顶相匹配，这样巨大的尺度运用更加彰显了建筑的庄严与宏伟，散发着建筑物功能所带来的严肃气氛。

稳定性。稳定性是表皮的基本性能，同时也是形式美的重要法则。在形式上，通常人们认为上轻下重、上小下大的物体，才是具有稳定感的，可是从当前情况看，现代建筑中以框架结构承重已成为主流，表皮往往只是承受自身的重量。这实际上最终将能够形成一种均一的建筑表皮形式。有些条件下甚至可能出现上中下轻的表皮形式。同时，生态建筑表皮是否稳定主要是由生态建筑表皮构件决定的。

（三）对称和均衡

对称和均衡是重要的形式美法则，实现建筑生态表皮的对称和均衡是进一步设计的重要目标。生态建筑表皮设计中的对称和均衡主要受构成表皮的各种功能构件和连接构件的对称性和均衡性的影响。这些构件的对称和均衡主要表现在两个方面。一方面是基于安装的要求和受力的需求，这往往需要设计成对称形状。另外一方面就是此类构建往往是在满足其功能和固定连接的基础上从而进一步对其形式来进行设计的。

单种构件以工业化生产为主，能够从本质上满足人们对表皮的匀质性追求，同时也实现表皮的对称与均衡。在工作中应该看到生态建筑表皮中有部分构件并不是连续布满表皮的，对于这类构件而言同样应该以一定方式从而实现表皮的对称与均衡。总的来看，生态建筑表皮设计过程中，各种构件都是可以采用对称的分布方式的。比如遮阳板、反光板等都可以实现。

（四）对比和调和

在生态建筑表皮外层采用材料既不透明同时也不是格栅类的时候，往往需要对同一层面上的材料来做对比调和处理。首先是要看轻重材料。不同材料的视觉轻重及形式对比主要是要各种材料从形式上来进行调和。其次是要看色彩的对比调和。应该看到在生态建筑表皮中，不同构建或者是不同材料往往是具有不同色彩的，当这些不同色彩的材料或者是构件并置的时候往往就会产生对比。色彩或明或暗，或炫丽或素雅，因此对比更为鲜明。最后是要看自然肌理表皮同人工材料表皮的对比调和。生态建筑表皮中植被是典型的自然肌理表皮，这种表皮同人工材料表皮并置的时候往往就会形成强烈对比。

在技术不断发展的背景下，各种新型材料和节能技术也将会不断出现，这样就会使得生态建筑表皮的形式构建和空间设计变得越来越丰富。建筑师发挥的余地也将会更为广泛，自我调节、多层表皮也将会成为未来发展的方向，对于表皮如何表现则是由使用者来控制，本土化特征也将表现得更为明显。

第三节　城乡规划设计中的生态建筑

本节概述了城乡规划设计的内涵，对城乡规划设计中生态建筑的重要性进行了说明，重点分析和探讨了城乡规划设计中生态建筑的运用，以供参考。

在城乡规划设计时，生态环境建设质量的提升，能够促使城乡发展和人们的生活水平提升。生态环境建设逐渐成为我国发展中长期关注的目标，同时其也能够对有效反映现阶段国内丰富多彩的民族特色以及不同地区的优良传统等内容。而生态建筑也逐渐成为历史发展的必然趋势，对于当前自然和经济社会发展都具有比较重要的意义。

一、城乡规划设计概述

城乡规划主要涉及空间、经济与资源多个方面，目的是促进城乡整体的发展，改善人们的生活。城乡规划需要根据地域、环境等因素，进行全方位、多角度的合理布局。另外，进行城乡建设时，倡导生态理念，在满足经济发展的同时，保护生态环境。

二、城乡规划设计中生态建筑的重要性

生态环境对人们生活和城乡建设等方面都具有比较重要的影响，生态环境能够有效反映地方特色和民族传统等方面内容，同时人们对生态环境态度是也在不断变化和提高，生态建筑学的形成也是历史发展中的必然，对人类聚居环境的完善是其主要的任务内容，进行自然和经济发展以及社会和谐之间的综合效益思想是其主要目标。在环境认知发展的过程中，人们也在不断对环境进行关注和重视，经济的发展使得城市快速扩展的情况日益凸显，而其中存在的环境污染问题比较严重，这就需要人们不断对环境问题加以关注和不断解决，使用生态建筑学方面的知识内容对城乡生态危机问题有效培养，需要对多种学科加以有效研究。

三、城乡规划设计中生态建筑的运用

（一）建筑环境规划

生态建筑设计即建筑要结合生态环、地理环境以及文化与经济，影响建筑发展和产生的重要因素是技术。建筑环境的规划在现代建筑中极其缺乏，在古代建筑物上有所体现。认真观察古代的建筑物，在它们的身上都会体现出建筑形态对环境相适应的特征。在古代，人们在规划时就会将房屋建筑设计与生态建筑相结合，但经过社会改革，建筑的传统观念被淡化，导致环境的破坏度不断加强。

（二）建筑设计与建筑技术

总而言之，城乡规划和生态建筑密不可分，生态建筑的建设在城乡规划中有着重要的意义，有利于城乡规划的可持续发展，因此，在城乡规划设计中应注重生态建筑。

（三）建筑绿化

不但要对建筑物本身进行设计，建筑物周围的环境也是设计范围内的工作。对环境加以绿化有许多优势：绿化能够保护建筑环境，例如植被形成的绿荫可以将太阳的辐射掩盖，绿色的墙体能够防止地面的反射热量，起到调节温度的作用；可减少并防止噪声所带来的污染。还有一种方式是垂直绿化，是根据垂直绿化可以有效将生态结构不平衡以及高层建筑能量消耗高等问题解决到位。

（四）风环境设计

没有合理的布局建筑物，会使住宅区部分地区的气候恶化。风环境与再生风环境已经成为规划师与建筑师关注的重点问题。但是可能是预测外界风环境的技术手段还不太发达，建筑师在规划住宅功能时，很多都会把美观设计、建筑平面的功能布置以及如何利用空间作为设计的重点问题，很少关注高层建筑中空气流动对居民的影响。

（五）自然通风

我们要坚持可持续发展的道路，把建筑技术往生态化方向发展。建筑设计要坚持走可持续发展道路、节约资源、保护环境，合理利用再生的资源，对不可循环利用的能源不支持过度利用。从生态建筑设计自身分析，就是一种生态化的设计，建筑当中的设计、材料、规划以及技术都要和生态结合起来。合理开发高新技术来节省资源、开采新的可再生能源、保护环境，合理运用建筑区域自身的可再生资源进行建设，降低对不可再生资源的利用率，利用可再生能源中的风能、太阳能、海洋能、地热能、生物能、核能以及氢能来推动建筑生态化环境的发展。在技术层面上也要实行生态化的举措，通过信息技术和计算机技术的利用来实现。

（六）防止"热岛"现象

住区周围的气流流动和建筑物周围的辐射系统等都会对建筑物的热环境产生影响。由于受到建筑布局、建筑密度、建筑用材、水景设施和绿地率等设计因素的作用，住宅外的温度可能会发生"热岛"现象。为了减少热岛效应，进行合理的建筑布局设计，将屋顶和水晶设置得更加绿化美观就是非常必要的。

（七）日照、遮阳与采光

住宅的热环境也受到了夏季热辐射和太阳直射的影响，同时也在很大程度上对居民的心理感受产生了影响。遮阳能减少室内的热辐射量和阳光直射的幅度。较为有效的方式是结合当地的自然环境条件，经过准确的计算，分析单体住宅与住区的建筑布局间的日照、遮阳与自然采光，看其是否符合遮阳与日照的标准要求。

（八）对住宅区防止噪声、控制污染的设计

在设计生态建筑时，防噪声系统的设计也是非常重要的。同时也应该增加对污染控制的重视程度。合理的分布绿化的区域，保持气流在建筑外界的流动，这就会改善室内的空气质量。在最初进行生态建筑设计的时候，设计工作者必须调查和检测施工的场地，查看当地的环境污染与噪声有没有达到标准要求，若是没有达到标准要求，就要制定有效的措施来改变住宅的外界环境。比如在噪声污染超标情况非常严重的时候，那我们可以采用双层玻璃来减少噪声污染，同时也不会对自然通风产生影响。

（九）太阳能利用

太阳能热水技术使其产业化发展速度最快的，就是居民使用的太阳能热水器。此外，也建成了太阳能空调示范工程，而太阳能光辐发电技术还在起步时期。太阳能热水器因其制造成本低，操作简单等优点而得到了广大老百姓的接受使用，建筑师也将太阳能热水系统考虑到了住宅设计中，减少了二次投入与安装的情况。

自然通风是调节住宅建筑环境最经济有效的方法，而建筑物的三维空间设置如立面设计、平面布局等都会对自然通风产生重要的影响。在建筑设计前期将这些影响考虑进去，住宅所遇到的空气质量与热舒适度等问题就会得到有效的解决，而且不用住户再投入任何资金就能拥有一个健康的居住环境。

第四节 传统民居中的生态建筑思想

在当代生态理论及思想尚未出现的早期，许多原生态民居和地方建筑中就已经包含了一定的生态建筑思想，早期民居所采用的空间布局、建筑材料、构造技术等，就是人们顺应生态环境发展的产物，包含着比较朴素的生态建筑思想。

生态建筑，就是把建筑当作一个完整的生态系统，通过有序的组织建筑内外的各种要素等方式，使各种物质和能源在内部进行有秩序的循环转换，获得一种高效低耗和生态平衡的建筑环境。

国外对生态建筑的研究较早，始于 20 世纪 60 年代，以 R. 卡逊的《寂静的春天》为标志，发展至今，在理论研究和实践上都取得了相当大的成果。国内从 20 世纪 80 年代开始，随着与国外学术交流的增多，生态建筑与可持续建筑的理论研究也逐渐受到重视，但建筑实践大多应用在示范性或地标性的建筑，距离普及和推广还需要一个漫长的过程。

中国自古崇尚自然，认为万物皆有规律。"天人合一"思想强调人与自然的和谐共生，与当今倡导的生态思想具有一定的相似性；"风水学理论"强调建筑和自然的结合，它的许多理念与现代的生态建筑设计观一致。在生态理论及思想尚未出现的时期，各地原生态民居和地方建筑中就已经包含了一定的生态思想，早期民居所采用的空间布局、建筑材料、构造技术等，就是人们顺应生态环境发展的产物。本节以中国几种比较有代表性的地方民居为例，探析中国传统民居中的生态建筑思想。

云南地处中国的西南部，属于人类文明发祥地。高原山地纵横起伏，气候兼具低纬气候、山原气候、季风气候的特点，有 25 个少数民族。特别是受自然条件和经济技术条件的影响，在千百年的历史发展中，众多的少数民族结合自己的民族文化和传统，根据居住环境的特点，发展了独具特色、丰富多彩的民居和古建筑，其中许多民居都体现了朴素的生态建筑思想。生活在西双版纳的傣族喜依山傍水而居，山林中竹子茂密，促成该地特色的"干阑式"竹楼。竹楼以粗大的竹子为骨架，竹编为墙，楼板选用木板，屋顶覆盖茅草，屋内也采用竹子家具。底部架空，利于通风防潮。该地的太阳容易造成眩光，要求建筑墙体在保持通风性能的同时，又要避免过大的窗洞口。竹编的墙缝通过柔和的阳光，在保证良好通风的同时又避免了眩光。这种建筑形式不仅仅是顺应当地气候环境的产物，也逐渐形成一种地方文化符号。

陕西也是重要的人类之一，陕北黄土高原地区属干旱大陆性季风气候区，夏热冬冷，植被稀少，该地的黄土质地均匀，具有胶结性不易坍塌，同时土质易于挖掘，窑洞因此而诞生，这种房屋既节省建筑材料，又会冬暖夏凉。陕北窑洞在生态理念上充分体现了因地制宜和经济节约，黄土隔热和蓄热功能良好，除门洞口部位相对薄弱以外，其他各面全包裹在厚厚的黄土层中，室内温度变化很小。建造窑洞不需要大量的破坏植被，建造过程中顺着山势布局，与自然生态面貌协调一致，形成一幅和谐相处的生态景观。

作为山东胶东半岛的特色民居，海草房主要分布在山东胶东半岛的烟台、威海、青岛等地，沿海地带为多山的丘陵地形，季风性气候温暖湿润。为了符合当地的环境，海草房的选址大多背山而建，主要朝向为南向，同一村落的海草房通常联排建造，相邻的房子共用一面山墙，这种做法既降低了建造成本，也有利于形成团结和睦的邻里关系。海草房基本取用当地的材料，包括海草、木材、石材、作物秸秆等，海草含有大量的卤和胶质，不易燃烧，可以防虫蛀、防霉烂，是非常理想的建筑材料。海草房适应了当地夏季多雨潮湿、冬季寒冷风大的气候特征。海草房的屋顶的整体性较好，一层一层压实覆盖，有非常好的保暖与抗风性能，居住舒适。

东北林区的木构民居简单却极坚固。建房时首先要在地面挖沟，然后横着嵌入圆木，再将一根根凿出榫卯的圆木依次交错咬合，又称"井干房"。屋顶的木瓦片虽然粗糙，但纹理顺畅，易于排水，虽然容易变形，但更换方便。冬日屋顶白雪覆盖，屋檐挂满冰溜，室外寒风刺骨，室内在炉火的烘烤下温暖如春。夏天南北通透的窗户通风顺畅，十分凉爽。

整体分析，从上述几种传统的民居中，能体现出以下几个生态建筑的特征。

一、建筑与自然共生，人与环境并重

传统民居多顺应生态环境而建，充分体现"以人为本"和"以环境为本"，充分考虑居住者的感受，重视周围环境对使用者身心健康的影响，加强建筑的自然采光、通风，合理地进行空间布局等，都是在进行生态建筑设计时需要充分考虑的要素。

二、能源高效利用和低污染

传统民居建筑多采用天然的建筑材料，尽可能提高材料利用率，避免浪费，利用尽可能少的资源的投入来换取建筑的最大使用价值，避免或减少建筑对周围环境造成的负面影响和破坏。充分节约资源和保护环境，这些都应该贯穿于建筑的整个生命周期中。

三、融于历史与地域的人文环境

地域对于生态建筑来说，不只是存在的前提，同时也是其基本出发点。对建筑来说，地域影响要素主要包括两个方面的内容：首先是环境中的实体要素，即地理特征、气候等；其次便是环境中的非实体要素，即风土人情、历史文化传统等，这些因素都会对建筑的空间和形式等造成很大的影响。成功的生态建筑，不仅要充分结合当地的生态环境，也要与当地的地域文脉和历史人文紧密联系。

除了上述传统民居中所体现的生态思想之外，生态建筑要求人们不能以单纯的经济增长速度来衡量社会发展，更应该注重经济发展的质量，注重经济的生态价值，把经济增长与自然环境有机结合。只有如此，在进行建筑活动时，才能将生态理念融入其中，为人们提供更好的物质和精神生活空间。

第五节 生态建筑空调暖通技术

生态建筑是随着可持续发展概念的提出而产生的，使人们的居住环境能够实现节能、环保，满足社会发展的需要。空调是现代建筑空间布置中重要的部分，有一些环境问题是有空调所引起的，因此暖通空调随着科学技术的进步而出现。随着空调暖通技术的广泛应用，为人们提供方便清洁的饮用水系统和冷热水系统，有效地解决了人的发展与保护环境之间的矛盾。生态建筑的发展离不开暖通空调系统的作用，本节从实际情况分析了生态建筑空调暖通技术，为人们提供一个更加舒适的居住环境，不断提高人们的生活质量。

随着社会的不断发展，空调逐渐广泛应用于人们的日常工作与生活中，给人们带来了舒适的环境。随着人们自身素质的不断加强，逐渐地认识到节能和环保的重要性。在享受着空调带来的舒适体验的同时，要提高对空调能耗的重视程度。对于空调系统合理设计、优化选型等，在保证空调效果的前提下，进一步减少空调能耗。建立一种生态的平衡，让暖通空调在生态建筑中发挥更大的作用，实现低能环保，不但满足新时期人们的要求，还能提高空调运行的经济性。

一、生态建筑应用空调暖通技术的重要作用

生态建筑空调暖通技术的应用能够提供有效的冰蓄冷低温送风系统，更加具有环保性，提高室内空气质量。目前人们对生活环境舒适度的要求不断升高，低温送风可以为人们提供新鲜的空气，降低室内空气湿度。随着植物的栽培能力有所提高，建筑室内逐渐向水景化的方向发展，当前有很多生态建筑物内部都设置了喷泉等水景，不但更加具有环保型，还能够充分显现出暖风空调的设计优势，发挥了暖风空调的性能，因此这种系统在空调设计中得到了更加广泛的应用。另外，应用空调暖通技术能够有效提高室内空气质量，为室内增加更多的新鲜空气，使室内空气污染程度大大减少。同时要派工作人员定期清理热湿交换设备，注意定期清理过滤器，保证过滤步骤的正常进行，提高其工作效率。

二、生态建筑空调暖通技术

（一）建筑热电冷三联供技术

当前这种技术值得深入推广，可获得更高的能量利用率，具有较高的节能效果和经济价值。目前天然气是城市中非常重要的一次能源，建筑热电冷三联供技术，通过大型建筑自行发电，是先由燃气发电，再用发电后的余热供热和制冷。通过这种方式提高了用电的可靠性，有效解决用电负荷，能够有效地解决供热和空调的能源问题。

（二）蓄能空调技术

该项技术是比较熟悉的，许多蓄能空调工程，并不能直接实现节能的作用。可以将一部分高峰电负荷转移到低谷，即移峰填谷，进一步提高发电厂的一次能源利用率，还可以降低电力生产规模。在实际应用中我们能够得出蓄能空调是一种广义的节能措施，在空调过程中发展蓄能技术，在一定程度上缓解电力紧张的状况。

（三）变流量技术

暖通空调系统是按照不利的气象条件设计的，在实际的应用中，空调在一天内不断变化的负荷不大于实际负荷。所以在绝大部分时间内，水和空气作为冷和热的载体，在负荷发生变化的情况下而变化。动态的控制系统流量，才能满足暖通空调质量的要求，节省能耗，实现最大限度的节能效果。

（四）排风余热回收技术

通过热回收装置可以实现新风与空调排风之间的热交换，夏季，室内空气的湿度低于室外新风的湿度，达到使新风的温度、湿度都降低的目的。冬季，与外界相比空调排风的温度要高很多，同时排风的湿度高一些。在排风出口安装热交换器，采用排风和新风不同的通道间接接触换热，利用余冷来预冷新风，来回收排风余热。

（五）热泵技术

一般情况下热泵主要以大自然中蕴藏的低品位热能为热源，使用压缩机吸取其中蕴藏着的大量较低温度的热能，提高后传给高温热源。经过对这项技术的研究，我们的热泵技术具有很大的优势。它是目前最节省一次能源的供热系统，长期大规模地将低温热能利用起来，在一定条件下还可以逆向使用。能够用少量不可再生的能源将低温热量提升为高温热量，这项技术具有很好的节能效益、社会效益。

三、生态建筑空调暖通技术实现节能的有效途径

（一）合理设计

按照严格的要求对暖通空调的设计，结合实际情况采用规范的技术手段，认真安装和调试每一个系统，促使预期的功能的实现。系统的选择设备，因为一个完整的空调系统对空调系统的节能性有着重要的影响，重视每一个环节，合理设计暖通空调系统。在设计方案的过程中，应将节能作为主要目标。以空调系统为例，合理选择设计中冷热源，合理配备主机容量，合理设计新风系统，使空调达到节能的效果。比如冬季，增加辐射热要根据热湿环境的研究成果，一般情况下需要的空气温度可下降至13℃左右，使室内空气加热实现人体与环境的热湿交换，达到节能的效果。

（二）加强日常运行的管理

在室内余热和余湿量经常变化的情况下，室外气象参数应该随着季节的变化而变化，空调系统应及时做出相应的调节。否则将会很难满足现代建筑设计的要求，严重浪费冷量和热量，导致室内参数发生严重的波动。我们必须要提高重视程度，加强日常运行的管理，全面考虑运行调节问题，不但要满足室内温湿度的要求，还能够确保经济运行目的的实现。必须依靠自动控制技术，来提高空调设备的调节质量，这时空

调房间温湿度设计参数可以有一定的波动范围，同时在暖通空调系的运行过程中，以水泵、风机来输送介质，减少能量的消耗。采取相应措施，认真进行水系统各环路的设计计算，保证各环路水力平衡。还可以使用变频调速水泵，达到非常明显的节能效果。

综上所述，现在人们的物质生活有了很大的提高，环保和节能越来越受到重视。尤其是空调能耗在新时期的大型建筑体中所有能耗中占有非常大的比例，生态建筑中空调的节能措施的重要性越来越明显，因此，我们应该树立环保节能理念，尽可能地开发和利用可再生能源及新能源，提高空调暖通技术的水平，以获得最优的节能效果，实现人与自然的和谐相处。

第六节　生态建筑技术的适应性

我国的资源短缺以及环境污染问题日益严重，人们对生态保护的观念逐渐强化，环保产品在市场上受到消费者的一致青睐。对于建筑行业来说，生态小区也成了居民购买的热点，反映出人们内心深处已经树立了较强的生态意识。不过，对于建筑行业来说，对生态建筑的研究却较为滞后。关于生态建筑技术以及工艺的研究依旧处于起步阶段，很多方面都是借鉴国外的一些先进技术与工艺，还未能建立起和我国适宜的生态设计方法。使得国内生态建筑成功案例不多，很多的建筑均是打着生态建筑的旗号，却未能达到生态建筑的要求，仅仅是房地产开发企业炒作的一种手段。之所以会出现上述问题，主要是我国目前还没有形成具有较强适应性的生态建筑技术理论以及方法。依照发达国家生态建筑技术理论与方法进行生态建筑的设计，非常方便，不过和我国的国情却不适应。发达国家采用的生态建筑技术一般技术较为复杂，而且建设过程中成本花费大。但是，我国目前依然属于发展中国家，在经济、技术以及科技等方面还和发达国家存在较大差距。所以，应当研究与我国国情更为适宜的生态建筑技术，确保生态建筑技术具有较强的适应性，才能确保我国生态建筑得以快速发展。

一、生态建筑技术获取的途径

（一）模仿生物的生态建筑技术

在建筑技术的发展过程中，在很多方面均受到了自然的启示。生物在长期的生存过程中，自身的各种机能得以完善，能够适应自然环境的变化，才能得以生存。建筑工程要是可以拥有和生物相似的一些性能，便能够很好适应环境，达到可持续发展的目标。所以，在生态建筑技术的获取过程中，吸收生命系统的运转规律，把这些规律应用在建筑工程的设计之中，使之逐渐发展成为生态建筑技术，确保建筑工程能够和自然环境更加协调。生态建筑技术能够从不同的角度对生物加以模仿，无论是生物形态、结构或者运动方式等，均能够运用到建筑设计之中，这样便能够让建筑工程拥有和生物相似的一些优势，实现建筑工程和生态环境和谐共存的目标。

（二）模仿机器的生态建筑技术

在生态建筑设计过程中，最重要的目的是实现能源节约以及资源节约，无论是应用哪一种技术手段，均希望获得最高效率，机器则是高效率的代表。在进行机械设计过程中，遵循的重要原则便是效率最大化，同时，机械设计领域一些非常成熟的工艺技术，也恰恰是生态建筑需要的技术，例如，空气过滤技术以及降温技术等等。所以，在获取生态建筑技术的时候，通过模仿机器，能够取得意想不到的效果。随着信息技术以及智能化技术的不断发展，机械设计也逐渐地向着智能化、自适应性以及高度可调性方向发展。所以，在生态建筑技术模拟机器的过程中，模拟对象也不再是僵硬并且冷漠的机器，越来越多的模拟智能、可调节性机器，智能化生态建筑随之产生。

（三）模仿传统建筑的生态建筑技术

在传统的建筑之中，多方面体现出了生态理念，并应用到了可持续发展的理念。传统的建筑技术也不是凭空产生的，而是人类在长期生活与生产过程中积累的一些经验结晶。传统建筑技术很多都是依照自然规律逐渐形成的经验总结，和现代化建筑技术对比而言，传统的建筑技术更加尊重自然，更重视和生态的和谐统一。传统的建筑工程就地取材、因地制宜，此种理念与方法和生态建筑技术的节能降耗、尊重环境理念恰好契合。所以，模仿传统建筑，对传统建筑中的技术进行深入挖掘，吸取传统建筑技术的经验以及方法，可以为生态建筑技术体系的建立提供可靠保障。

二、生态建筑技术与适应性的关系

生态建筑技术的复杂性以及经济性因素会影响到生态建筑技术的适应性。要想确保生态建筑的建设目标能够最终实现，应当拥有一定的技术支撑，技术拥有的复杂程度，将会在很大程度上影响到该种技术被接受以及传播的情况。一些较为简单的技术，因为更加容易被人们所学习与掌握，因此该种技术也拥有较为广泛的应用范围。但是，一些相对复杂的技术，因为在进行学习以及应用的过程中，均存在较大的困难，由于客观条件限制，导致此种技术应用范围会相对窄。例如，现阶段高技术生态建筑应用到的技术工艺较为复杂，还要进行大量的实验以及数值分析，通常建筑师都不能全面掌握与该项技术有关的知识，导致高技术生态建筑在实际工程项目建设中仅仅代表了一种口号，基本上没有应用在实际工程建设中。

另外，生态建筑技术适应性还与经济性存在紧密联系。一般较为简单的技术，所需的成本相对较少，较为复杂的技术，所需的成本相对较多。技术从根本上讲属于劳动形态，其和人类的活动存在直接性联系，技术行为几乎都是经济行为。建筑工程的建设过程中，选择建筑技术时，很大程度上会受制于经济条件。要是生态利益与经济利益出现不一致情况，经济性因素便显得尤为重要。尤其是对于我国这样属于发展中的国家来说，因为社会、经济、科技发展水平不高，在技术、材料以及资金等方面都不够健全，要是采用水平非常高的技术来建设生态建筑，存在较大的困难。所以，通常情况下会采用一些经济性更为优良的中等技术以及低技术。就算是在发达国家，一些一般性质的建筑工程，对于技术的经济性要求也非常高，通常不会采用成本较高的技术。

三、提升生态建筑技术适应性的策略与途径

如果想保障我国的生态建筑行业稳定、健康发展，最为重要的是要选择更为适宜我国经济发展情况的生态建筑技术，并加以推广应用。我国社会、经济、科技的发展拥有两个非常明显的特点，其一，我国属于发展中国家，整体来说经济发展水平与科技发展水平均不高，很多区域的经济状况依旧属于欠发达状态；其二，我国的经济发展非常不均衡，我国的东部沿海区域，社会与经济均发展到了相对高的水平，但是，我国的西部地区，大部分都发展缓慢，经济与科技发展速度依然处于相对低的水平。所以，在进行生态技术的适应性研究中，还应当制定出更加符合我国实际国情的生态建筑技术发展策略。首先，应当重点研发中等技术以及低技术，让生态建筑技术的成本更低，在实际应用中更为便捷，确保此种生态建筑技术能够广泛地应用到一般性建筑工程建设施工中。其次，对于一些经济相对发达的城市，逐步推广高技术生态建筑，这样不仅能够树立良好的榜样，发挥巨大的宣传以及推广作用，还能够确保我国的生态建筑技术不断发展，再将高水平的生态建筑技术不断推广应用，有效地减少建筑工程建设中资金投入，并推动生态建筑技术的发展。

四、基于适应性的生态建筑技术实际应用分析

（一）项目简介

某建筑工程所在区域地势平坦，工程的总建设面积为 18 061 m^2，要建设成为甲级写字楼工程。该建筑工程拥有非常优越的地理优势，主要体现在以下几方面：该建筑工程地处城市中心区域，周围交通十分便利，和火车站距离非常近，而且周围主干道具有城市二环线路连接，附近的有几条较大的商业街，还有文化街区，拥有浓厚的商业氛围，同时也拥有一定的文化氛围。

（二）生态建筑设计策略

此次设计的原则是多功能性、紧凑性以及紧密联系性，这样的设计原则更加符合

未来写字楼工程发展要求。进行建筑设计时，利用绿色生态建筑技术，确保建筑工程的生命周期成本有所降低，设计过程中重视建筑技术选择、材料选用、自然通风以及景观设计，确保建筑工程能够更加适应当地气候环境特征，可以更有利于实现生态建筑的设计目标。建筑物基础设施设计与建设过程中，更加重视对当地资源以及再生材料的应用。

（三）雨水回收利用设计

利用生态建筑技术，构建雨水收集、处理和再利用系统。系统设计的原则是确保在进行雨水处理的过程中，尽可能少地消耗能源，不仅有效地提升雨水综合利用率，同时还要确保废水排放到城市污水管网之前能够达到排放标准。在雨水回收利用系统的构建过程中，应当根据坡度不同，充分利用地表植被的过滤作用，建立起完善的、节能的雨水回收利用系统。

（四）隔热材料应用

该建筑工程的窗户采用断热铝合金框架结构，在窗户结构的框架之中，加设有硬尼龙隔断层，保证了窗户结构拥有的透风系数达到 0.3 m^3/h，隔音性能超过 40 dB。窗户的玻璃材料是应用低辐射中空氩气玻璃材料，这样的材料不仅拥有较好的透光性，能够确保在气温较低的季节获得充足阳光，同时还能够有效阻隔室外辐射，确保气温较高的季节有效隔离外部热量。同时，在窗户结构中还加设了陶土百叶和玻璃幕墙。

（五）自然通风设计

建筑工程的向风方向，加设了一些通风百叶，而且建筑中庭栽种上了较多的绿色植物。若是外界空气流通至中庭结构位置时，由于受到绿色植物的作用，能够有效地吸收空气中热量，降低空气温度。另外，空气还会向楼梯间流动，从而产生"烟囱效应"，更加有利于建筑物内部的节能。

由于我国属于发展中国家，生态建筑技术的经济性会对适应性产生较大影响。生态建筑技术对生物的模仿以及对机器的模仿较为复杂，也要求要具备相对高的经济技术，比较适宜应用在一些发达区域。而通过挖掘传统建筑中的生态设计方法以及经验等，构建更加适应我国国情的、完整的低技术体系，从而确保生态建筑能够实现普及。

第七节　人性化的生态建筑设计

本节探讨通过使用当地的材料，配合完全现代的手法，灵活运用适宜的技术，对建筑进行经济上可行的生态设计，使普通人可以享受高质量的可持续的生活环境。

一、"原生的"与"适宜技术的"生态建筑设计

（一）"原生的"生态建筑设计

在形成之初，建筑就是人类活动的内在机制同自然环境相互联系、相互作用的逻辑结果，因此，其本身就包含了内在的"生态精神"。这些建筑通过直接、单纯地与自然的接触，有着朴素的生态概念。人们通常不自觉地运用着当地的材料、技术，并考虑当地的气候、风向等，建筑的创造出于人类征服自然、适于自身的需要，同时也受制于自然。在"人是短暂的，而自然是永恒的"这样的中国传统思想下，中国的传统建筑不论从材料的使用上还是选址和布局上都体现着现代所谓的生态精神。这样的建筑从建设、使用和毁灭三个阶段都不会对生态环境有所破坏，值得现代建筑学习。当然原生的生态建筑也有局限性，它们通常内部功能组织简单，难以适应现代生活。尤其在我国，目前生产力水平和经济水平还处于发展阶段的大背景下，除了个别实验性质的生态建筑之外，大部分对生态建筑的摸索也处于"原生的"状态。

简单说，原生的生态建筑设计是在节约经济和低技术的条件下，不用或者很少用现代的技术手段来达到生态化的目的。然而，此类建筑的节能效率和可持续性都不甚理想，缺乏普适性。同时，停滞不前的生态技术并不是可持续的生态观。因此，考虑将现代的生态技术运用到普通的建筑设计中去，即本节提到的"适宜技术"生态建筑。

（二）"适宜技术"的生态建筑设计

适宜技术（Appropriate Technology）最早由诺贝尔经济学奖获得者 Atkinson 和 Stiglitz 在 1969 年提出，其原意是"Localized learning by doing"，也就是地方性的边干边学。从建筑设计的角度，它提出发展中国家和地区不能一味照搬和模仿发达国家已经用过的技术，从而满足自身发展的需要。同样的，"适宜技术"的生态建筑，主要指的是根据当地实际情况，侧重建筑技术的适宜性、高效性，通过普遍的建筑设计手法，精心设计建筑细部，提高对能源和资源的利用效率，减少不可再生资源的耗费，保护生态环境；同时有选择地借鉴当地建筑文化传统和技术，使建筑具有一定的地方特色，实现技术的人文提升。

二、生态建筑设计从"原生的"向"适宜技术"转变的必要性

（一）生态技术与经济性的互动

建筑技术随着时代与科技的进步而进步，同时也根据经济的发展而发展。到如今，我们所面对的是资源环境问题的全球性和地区经济发展的不平衡性之间的矛盾。"中国作为发展中国家的代表，以整体上低水平的、快速的发展，拥有低素质的庞大的人口

群体，以及对西方生活方式的迷恋和追求。正在形成一种高度浪费和污染型的生产和生活方式。"目前中国建筑业物质消耗占全部消耗总量的15%左右，建筑能耗约占全部能耗的28%，建材生产、建筑活动造成的污染约占全部污染的34%。意识到这种可怕的现象的危害，不得不提倡可持续发展的建筑方式。

经济的落后导致技术的落后，建筑设计在某种程度上也反映着当地的经济状况。"原生的"生态建筑在经济上是足够节省的，却不足以体现当代的发展。在现代化、城市化的进程和全球化的浪潮中很难广泛展开，而在中国真正有着较高技术含量的生态建筑凤毛麟角，经济上的因素也是很大一方面，盲目建设大量的高技术的生态建筑也是不合国情的。因此，提倡"适宜技术的"生态建筑设计迫在眉睫。

（二）生态建筑设计与社会需求的互动

在历史的长河中，我们可以看到，建筑反映着人类的需求，同时它反作用于社会，通过对生活方式和环境的对比与分析，唤起人们的行为。早在古希腊，神庙的建设加强并支持了当时社会民主化的思想。巴洛克建筑以其丰富的三维空间唤醒了社会对自由的意念。日本住宅的小尺度也是对日本社会的模仿与反映等等。这些实例说明建筑有助于人们适应日常生活的需求和环境的改善，同时，建筑也能对社会的可适应性要求做出形式的反映。在当今"可持续发展"的全球大主题下，建筑的回应就是进行生态建筑设计。原生的生态建筑设计显然落后于人们的社会的需求，而适宜技术的生态建筑设计的提出更加恰当。

（三）人性化的生态建筑设计

众所周知，现代建筑产生的思想根源在于"以人为本"。如果偏颇地来看，如今对自然的破坏归结为"以人为本"这种自私的理念。于是有人提出生态建筑的出发点是"以自然为本"。这样看来，生态建筑与现代建筑成了对立的概念，其实不然。建筑的产生以来就是为人服务的。"人—建筑—自然"是构成建筑世界的三个要素。其中人是第一位的。生态建筑将三者融合，重视人与自然的和谐关系，是人们征服自然、改造自然过程的一部分。它尽可能利用建筑物当地的环境特色与相关自然因素（比如阳光、空气等），使之符合人类居住，并且降低各种不利于人类身心的任何环境因素作用，同时，尽可能不破坏当地环境因子循环，并尽可能确保当地生态体系健全运作，目的还是使人类拥有更好的生存环境。

"原生的"建筑设计由于技术的落后性，有时也会有违背生态设计的问题。例如在对当地材料的使用上，就如同我们过去常用的黏土砖，黏土砖一直以来都是传统的、使用广泛的建筑材料，与混凝土比起来，它的人工性能要好得多。然而，烧制黏土砖破坏的大量的良田，原本肥沃的土地变成荒凉。这样看来，对地方材料的使用也许正在破坏着当地的环境。这一点使我们不得不反思，并且要去探寻新的手段、新的技术来把这些朴素的、原生的生态建筑思想加以进化。适宜技术的生态建筑设计强调技术和社会、经济、艺术的整体平衡，在关注建筑设计和施工的同时，去关心社会、考虑当地社会发展的本土性和当代性，体察大多数人的需求，为普通大众构筑可持续的生态环境。

三、生态建筑设计从"原生的"向"适宜技术"转变的可行性

实现适宜技术的生态建筑通常有三种手法：一是将传统技术进行改造；二是将先进的技术改革、调整以满足适宜技术的需要；三是进行实验研究，直接效力于适宜技术。在此以上海生态建筑示范楼为例，分析适宜技术的生态建筑在上海的可行性和发展。

（1）原生的技术手段。上海地区传统民居最典型的平面布局是以内院为中心，这当然是和中国人的生活方式一脉相承的。由于用地的限制，住宅由原来的三开间退化为一开间，内院也随之越来越小，形成了天井。合院的形制已经不复存在了，天井却因为能有效改善整个住宅的小气候而沿用下来。房屋的进深过大时，利用天井，既有了适当的采光面，又能减少夏日的日照；通过天井能将建筑底部的风拔上来，有利于建筑内部的空气流动。

（2）改造后的适宜技术手段。从狭小的天井到宽敞明亮的中庭，顶上盖有透明的玻璃天窗。不仅保留了其通风的效果，而且改善了原来天井阴暗的状况，使这幢办公楼能达到天然采光。为了让南北两楼共享阳光，设计布局上，整座楼南低北高，冬天，阳光从中庭的天窗射入，能够照到北面办公室。通过玻璃天窗开启角度的随意调整，只要天气晴好，白天几乎用不着开灯，有效地节省了能耗。

人们很早就发现门窗对开的形式能够造成"穿堂风"。一套住房内不同方位的房屋之间有流畅的气流就能形成穿堂风。穿堂风对于夏季散热是比较有效的。另有一个比较有特色的就是"老虎窗"了。"老虎窗"是英语 roof window 的音译，顾名思义，是开在屋顶上的窗，其目的是增加阁楼的采光和通风。充分利用天然采光；其通风的效果类似于"烟囱效应"。

第六章 绿色建筑的设计

第一节 绿色建筑设计理念

随着时代和科学技术的迅猛发展,全球践行低碳环保理念,其目的是共同维护生态环境。我国自中共十八届五中全会就已将绿色发展的理念提升到政治高度,为我国建筑设计市场指引了发展的方向。建筑行业作为国民经济的重要支柱产业,将绿色理念融入建筑设计中能够从根本上影响人们的生活方式,进而达到人与自然环境和谐相处。综上可知,在建筑设计中运用绿色建筑设计理念具有非常重要的意义。本节主要对建筑设计中绿色建筑设计理念的运用进行分析,阐述绿色建筑在实际设计中的具体应用。

绿色建筑设计是针对当今环境形势,所倡导的一种新型的设计理念,提倡可持续发展和节能环保,以达到保护环境和节约资源的目的,是当今建筑行业发展的重要趋势。在建筑设计中建筑师须结合人们对环境质量的需求,考虑建筑的全生命周期设计,从而实现人文、建筑以及科学技术的和谐统一发展。

一、绿色建筑设计理念

绿色建筑设计理念的兴起源于人们环保意识的不断增强,在绿色建筑设计理念的运用中主要体现在以下三个方面:

①建筑材料的选择。相较于传统建筑设计理念,绿色建筑设计首先从材料的选择上,采用节能环保材料,这些建筑材料在生产、运输及使用工程中都是环境友好的材料。②节能技术的使用。在建筑设计中节能技术主要运用在通风、采光及采暖等方面,在通风系统中引入智能风量控制系统以减少送风的总能源消耗;在采光系统中运用光感控制技术,自动调节室内亮度,减少照明能耗;在采暖系统中引入智能化控制系统,使建筑内部的温度智能调节。③施工技术的应用。绿色设计理念的运用提高了工厂预制率,减少了湿作业,提高工作效率的同时,提高了项目的完成度。

二、绿色建筑设计理念的实际运用

平面布局的合理性。在建筑方案设计过程中，首先考虑建筑的平面布局的合理性，这对使用者体验造成直接影响，在住宅平面布局中比较重要的是采光，故而在建筑设计中合理规划布局考虑采光，以此提高建筑对自然光的利用率，减少室内照明灯具的应用，降低电力能源损失消耗。同时通过阳光照射可以起到杀菌和防潮的功效。在进行平面布局时应该遵循以下几项原则：①设计当中严格把握控制建筑的体形系数，分析建筑散热面积与体形系数间的关系，在符合相关标准要求的基础上尽量增大建筑采光面积。②在进行建筑朝向设计时，考虑朝向的主导作用，使得建筑的室内接受更多的自然光照射，并避免太阳光直线照射。

门窗节能设计。在建筑工程中门窗是节能的重点，是采光和通风的重要介质，在具体的设计中需要与实际情况相结合，对门窗进行科学合理的设计，同时还要做好保温性能设计，合理选用门窗材料，严格控制门窗面积，以此减少热能损失。另外在进行门窗设计时需要结合所处地区的四季变化情况与暖通空调相互融合，减少能源消耗。

墙体节能设计。在建筑行业迅猛发展的背景下，各种新型墙体材料类型层出不穷，在进行墙体选择当中需要在满足建筑节能设计指标要求的原则下对墙体材料进行合理选用。例如针对加气混凝土材料等多孔材料的物理性质，它们具有更好的热惰性能，因而可以用来增强墙体隔热效果，减少建筑热能不断向外扩散，达到节约能源、降低能耗的目的。其次在进行墙体设计时，可以铺设隔热板来增强墙体隔热保温性能，实现节能减排的目的。目前隔热板的种类和规格比较多，通过合理的设计，隔热板的使用可以提高外墙结构的美观度，提高建筑的整体观赏价值，满足人们的生活和城市建设的需求。

单体外立面设计。单体外立面是建筑设计中的重点，同时立面设计也是绿色建筑设计的重要环节，在开展该项工作时要与所处区域的天气气候特征相结合选用适合的立面形式和施工材料。由于我国南北气候差异较大，在进行建筑单体外立面设计中要对南北方区域的天气气候特征、热工设计分区、节能设计要求进行具体分析，科学合理地规划，大体而言，对于北方建筑单体立面设计，要严格控制建筑物体形系数、窗墙比等规定性指标，同时因为北方地区冬季温度很低，这就需要考虑保证室内保温效果，在进行外墙和外窗设计时务必加强保温隔热处理，减少热力能源损失，保障建筑室内空间的舒适度。对于南方建筑单体立面设计，因为夏季温度很高，故而需要科学合理地规划通风结构，应用自然风大大降低室内空调系统的使用效率，降低能耗。此外，在进行单体外墙面设计时要尽量通过选用装修材料的颜色等来提升建筑美观度，削弱外墙的热传导作用，达到节约减排的目的。

要注重选择各种环保的建筑材料。在我国，绿色建筑设计理念与可持续发展战略相一致，所以在建筑设计的时候要充分利用各种各样的环保建筑材料，以此实现材料的循环利用，进而降低能源能耗，达到节约资源的目的。在全国范围内响应绿色建筑设计及可持续发展号召下，建材市场上新型环保材料如雨后春笋般迅猛发展，这给建筑师提供了更多可选的节能环保材料。作为一名建筑设计师，要时刻把遵循绿色设计原则、达到绿色环保的目标、实现绿色可持续发展为己任，持续为我国输出可持续发展的绿色建筑。

充分利用太阳能。太阳能是一种无污染的绿色能源，是地球上取之不尽用之不竭的能源来源，所以在进行建筑设计时首要考虑的便是有效利用太阳能替代其他传统能源，这可以大大降低其他有限的资源消耗。鼓励设计利用太阳能，是我国政府及规划部门对于节约能源的一大倡导。太阳能技术是将太阳能量转换能热水、电力等形式供生产生活使用。建筑物可利用太阳的光和热能，在屋顶设置光伏板组件，产生直流电，抑或是利用太阳热能加热产生热水。除此之外，设计人员应该与被动采暖设计原理相结合，充分利用寒冷冬季太阳辐射和直射能量，或通过遮阳建筑设计方式减少夏季太阳光的直线照射，从而减少建筑室内空间的各种能源消耗。例如设置较大的南向窗户或使用能吸收及缓慢释放太阳热力的建筑材料。

构建水资源循环利用系统。水资源作为人类生存和发展的重要能源，要想实现可持续发展，有效践行绿色建筑理念，必须实现水资源的节约与循环利用。其中对于水资源的循环利用，在建筑设计中，设计人员需要在确保生活用水质量的基础上，构建一系列的水资源循环利用系统，做好生活污水的处理工作，即借助相关系统把生活生产污水进行处理以后，使其满足相关标准，继而可使用到冲厕、绿化灌溉等方面，从而在极大程度上提高水资源的二次利用率。此外，在规划利用生态景观中的水资源时，设计人员应严格依据整体性原则、循环利用原则、可持续原则，将防止水资源污染和节约水资源当作目标，并从城市设计角度做好海绵城市规划设计，做好雨水收集工作，借助相应系统来处理收集到的雨水，然后用作生态景观用水，形成一个良好的生态循环系统。加之，在建筑装修设计中，应选用节水型的供水设备，不选用消耗大的设施，一定情况下可大量运用直饮水系统，从而确保优质水的供应，达到节约水资源的目的。

综上所述，在我国绿色建筑理念的倡导下，绿色建筑设计概念已成为建筑设计的基础。市场上从建筑材料到建筑设备都在不断地体现着绿色可持续的设计理念、支持着绿色建筑的发展，这一系列的举措都在促使我国建筑行业朝着绿色、可持续的方向不断前进。

第二节　我国绿色建筑设计的特点

我国属于人均资源短缺的国家，中国建材网统计数据表明，当前 80% 的新房建设都是高耗能建筑。所以，当前，我国建筑能耗已经成了国民经济的沉重负担。如何让资源变得可持续利用是当前亟待解决的一个问题。伴随社会发展，人类所面临的情形越来越严峻，人口基数越来越大，资源严重被消耗，生态环境越来越恶劣。面对如此严峻的形势，实现城市建筑的绿色节能化转变越来越重要。建筑行业随着经济社会的进步和发展也在不断加快进程。环境污染的问题越来越严重，国家出台了相关的政策措施。在这样的发展状况下，建筑领域中对于实现可持续发展，维持生态平衡更加关注，要保证经济建设符合绿色的基本要求。因此，对于绿色建筑理念应该进行合理运用。

一、绿色建筑概念界定

绿色建筑的定义。绿色建筑指的是"在建筑的全寿命周期内，最大限度地节约资源、保护环境和减少污染，为人们提供健康、适宜和高效的使用空间，与自然和谐共生的建筑"。当前，中国已经成为世界第一大能源消耗国，因此，发展绿色建筑对于中国来说有着非常重要的意义。当前，国内节能建筑能耗水平基本上与 1995 年的德国水平相差无几，我国在低能耗建筑标准规范上尚未完善，国内绿色建筑设计水平还处于比较低的水平。另外，不管是施工工艺水平，还是产后材料性能，与发达国家相比都存在较大差距。同时，低能耗建筑与绿色建筑的需求没有明确的规定标准，部件质量难以保证。

伴随着绿色建筑的社会关注度不断提升，可预见，在不久将来绿色建筑必将成为常态建筑，按照住房和城乡建设部给出的绿色建筑定义，可以理解绿色建筑为一定要表现在建筑全寿命周期内的所有时段，包括建筑规划设计、材料生产加工、材料运输和保存、建筑施工安装、建筑运营、建筑荒废处理与利用，每一环节都需要满足资源节约的原则，同时绿色建筑必须是环境友好型建筑，不仅要考虑到居住者的健康问题和实用需求，还必须和自然和谐相处（图 1）。

绿色建筑设计原则。建筑最终目的是以人为本，希望能够通过工程建设来提供人们起居和办公的生活空间，让人们各项需求能够被有效满足。和普通建筑相比，其最终目的并没有得到改变，只是立足在原有功能的基础上，提出要注重资源的使用效率，要在建筑建设和使用过程中做到物尽其用，维护生态平衡，因地制宜地搞房屋建设。

健康舒适原则。绿色建筑的首要原则就是健康舒适，要充分体现出建筑设计的人性化，从本质上表现出对于使用者的关心，通过使用者需求作为引导来进行房屋建筑设计，让人们可以拥有健康舒适的生活环境与工作环境。其具体表现在建材无公害、通风调节优良、采光充足等方面。

简单高效原则。绿色建筑必须要充分考虑到经济效益，保证能源和资金的最低消耗率。绿色建筑在设计过程中，要秉持简单节约原则，比如说在进行门窗位置设计的过程中，必须要尽可能满足各类室内布置的要求，最大限度避免室内布置出现过大改动。同时在选取能源的过程中，还应该充分利用当地气候条件和自然资源，资源选取上尽量选择可再生资源。

整体优化原则。建筑为区域环境的重要组成部分，其置身于区域之中，必须要同周围环境和谐统一，绿色建筑设计的最终目标为实现环境效益达到最佳。建筑设计的重点在于对建筑和周围生态平衡的规划，让建筑可以遵循社会与自然环境统一性的原则，优化配置各项因素，从而实现整体优化的效果。

二、绿色建筑的设计特点和发展趋势探析

绿色建筑设计特点分析。

节地设计。作为开放体系，建筑必须要因地制宜，充分利用当地自然采光，降低能源消耗与环境污染程度。绿色建筑在设计过程中一定要充分收集、分析当地居民资源，并根据当地居民生活习惯来设计建筑项目和周围环境的良好空间布局，让人们拥有一个舒适、健康和安全的生活环境。

节能节材设计。倡导绿色建筑，在建材行业中加以落实，同时积极推进建筑生产和建材产品的绿色化进程。设计师在进行施工设计的过程中，最大限度地保证建筑造型要素简约，避免装饰性构件过多；建筑室内所使用的隔断要保证灵活性，可以降低重新装修过程中的材料浪费和垃圾；并且尽量采取能耗低和影响环境程度较小的建筑结构体系；应用建筑结构材料的时候要尽量选取高性能绿色建筑材料。当前，我国通过工业残渣制作出来的高性能水泥与通过废橡胶制作出来的橡胶混凝土均为新型绿色建筑材料，设计师在设计的过程中应尽量选取，应用这些新型材料。

水资源节约设计。绿色建筑进行水资源节约设计的时候，首先，大力提倡节水型器具的采用；其次，在适宜范围内利用技术经济的对比，科学地收集利用雨水和污水，进行循环利用。另外，还要注意在绿色建筑中应用中水和下水处理系统，用经过处理的中水和下水来冲洗道路汽车，或者作为景观绿化用水。根据我国当前绿色建筑评价标准，商场建筑和办公楼建筑非传统水资源利用率应该超过20%，而旅馆类建筑应该超过15%。

绿色建筑设计趋势探析。绿色建筑在发展过程中不应局限于个体建筑之上，相关

设计师应从大局角度出发，立足城市整体规划来进行统筹安排。绿色建筑实属于系统性工程，其中会涉及很多领域，例如污水处理问题，这不只是建筑专业范围需要考虑的问题，还必须依靠相关专业的配合来实现污水处理问题的解决。针对设计目标来说，绿色建筑在符合功能需求和空间需求的基础上，还需要强调资源利用率的提升和污染程度的降低。设计师在设计过程中还需要秉持绿色建筑的基本原则：尊重自然，强调建筑与自然的和谐。另外，还要注重对当地生态环境的保护，增强对自然环境的保护意识，让人们行为和自然环境发展能够相互统一。

三、我国绿色建筑设计的必要性

中国建材网数据表明，国内每年城乡新建房屋面积高达 20 亿平方米，其中超出 80% 都是高耗能建筑。现有建筑面积高达 635 亿平方米，其中超出 95% 都是高能耗建筑，而能源利用率仅仅才达到 33%，相比于发达国家来说，我国要落后二十余年。建筑总能耗分为两种，一种是建材生产，另一种是建筑能耗，而我国 30% 的能耗总能量为建筑总能耗，而其中建材生产能耗量高达 12.48%。而在建筑能耗中，围护结构材料并不具备良好的保温性能，保温技术相对滞后，传热耗能达到了 75% 左右。所以，大力发展绿色建筑已经成为一种必然的发展趋势。

绿色建筑设计可以不断提升资源的利用率。我们从建筑行业长久的发展上得知，在建设建筑项目过程中会对资源有着大量的消耗。我国土地虽然广阔，但是因为人口过多，很多社会资源都较为稀缺。面对这样的情况，建筑行业想要在这样的环境下实现稳定可持续发展，就要把绿色建筑设计理念的实际应用作为工作的重点，并结合人们的住房需求，采取最合理的办法，将建筑建设的环境水平提升，同时也要缓解在社会发展中所呈现出的资源稀缺的问题。

例如，可以结合区域气候特点来设计低能耗建筑；利用就地取材的方式来使建筑运输成本大大降低；利用采取多样化节能墙体材料来让建筑室内具备保温节能功能；应用太阳能、水能等可再生能源以降低生活热源成本；对建筑材料进行循环使用来实现建筑成本和环境成本的切实降低。

绿色建筑很大程度延伸了建筑材料的可选范围。绿色建筑发展让很多新型建筑材料和制成品有了可用之地，并且还进一步推动了工艺技术相对落后的产品的淘汰。例如，建筑业对多样化新型墙体保温材料的要求不断提高，GRC 板等新型建筑材料层出不穷，基于这样的时代背景，一些高耗能高成本的建筑材料渐渐被淘汰出局。

作为深度学习在计算机视觉领域应用的关键技术，卷积神经网络是通过设计仿生结构来模拟大脑皮层的人工神经网络，可实现多层网络结构的训练学习。同传统的图像处理算法相比较，卷积神经网络可以利用局部感受，获得自主学习能力，以应对大规模图像处理数据，同时权值共享和池化函数设计减少了图像特征点的维数，降低了参数调整的复杂度，稀疏连接提高了网络结构的稳定性，最终产生用于分类的高级语义特征，因此被广泛应用于目标检测、图像分类领域。

以持续化发展为目的，促进社会经济可持续发展。

在信息技术快速发展的背景下，在社会各个领域中都有科学技术手段的应用。同样在建筑行业中，出现了很多绿色建筑的设计理念和相关技术，将资源浪费的情况从根本上降低，全面提升建筑工程的质量水平。除此之外，随着科学技术的发展，与过去的建筑设计相比，当前设计建筑的工作，在经济、质量以及环保方面都有着很大的突破，给建筑工程质量的提升打下了良好的基础。

伴随人类生产生活对于能源的不断消耗，我国能源短缺问题已经变得越来越严重，同时，社会经济的不断发展，让人们已经不仅仅满足最基本的生活需求。从十九大报告中"我国社会主要矛盾的转变"可看出，人们的生活追求正在变得逐步提升，都希望能够有一个健康舒适的生活环境。在种种因素的推动下，大力发展绿色建筑已经成为我国建筑行业发展的必然趋势，相较于西方发达国家来说，我国建筑能耗严重，绿色建筑技术水平远远落后。本节首先探析了绿色建筑的相关概念界定，之后从节地设计、节能节材设计和水资源节约设计三个方面对绿色建筑设计特点进行了分析，详细描述了我国绿色建筑设计的发展趋势，最后阐明了绿色建筑设计的必要性。绿色建筑发展不仅仅是我国可持续发展对建筑行业发展提出来的必然要求，同时也是人们对生活质量提升和对工作环境的基本诉求。

第三节　绿色建筑方案设计思路

在社会发展的影响下，我国建筑越来越重视绿色设计，其已经成为建筑设计中非常重要的一环，建筑设计会慢慢地向绿色建筑设计靠拢，绿色建筑为人们提供高效、健康的生活，通过将节能、环保、低碳的意识融入建筑中，实现自然与社会的和谐共生。现在我过建筑行业对绿色建筑设计的重视程度非常高，绿色建筑设计理念既是一个全新的发展机遇，同时又面临着严峻的挑战。在此基础上本节分析了绿色建筑设计思路在设计中的应用。分析和探讨绿色建筑设计理念与设计原则，并提出绿色建筑设计的具体应用方案。

近年来我国经济发展迅速，但是这样的发展程度，大多以环境的牺牲作为代价。目前，环保问题成为整个社会所关注的热点，如何在生活水平提高的同时对各类资源进行保护和如何对整个污染进行控制成为重点问题。尤其对于建筑业来说，所需要的资源消耗较大，也就意味着会在整个建筑施工的过程中造成大量的资源浪费。而毋庸置疑的是建筑业所需要的各种材料，往往也是通过极大的能源来进行制造的，而制造的过程也会造成很多的污染，比如钢铁制造业对于大气的污染，粉刷墙用的油漆制造对于水源的污染。为了减少各种污染所造成的损害，提出了绿色建筑这一体系，也就是说，在整个建筑物建设的过程中进行以环保为中心，减少污染控制的建造方法。绿色建筑体系，对于整个生态的发展和环境的可持续发展具有重要的意义。除此之外，所谓的绿色建筑并不仅仅指建筑，本身是绿色健康环保的，它要求建筑的环境也是处于一个绿色环保的环境，可以给居住在其中的居民一个更为舒适的绿色生态环境。以下分为室内环境和室外环境来进行论述。

一、绿色建筑设计思路和现状

据不完全数据显示，建筑施工过程中产生的污染物质种类涵盖了固体、液体和气体三种，资源消耗上也包括了化工材料、水资源等物质，垃圾总量可以达到年均总量的 40% 左右，由此可以发现绿色建筑设计的重要性。简单来说，绿色建筑设计思路包括了节约能源、节约资源、回归自然等设计理念，就是以人的需求为核心，通过对建筑工程的合理设计，最大限度地降低污染和能源的消耗，实现环境和建筑的协调统一。设计的环节需要根据不同的气候区域环境有针对性的进行，并从建筑内外环境、健康舒适性、安全可靠性、自然和谐性以及用水规划与供排水系统等因素出发合理设计。

在我国建筑设计中的应用受诸多因素的影响，还存在不少的问题，发展现状不容乐观。①尽管近些年建筑行业在国家建设生态环保性社会的要求下，进一步地扩大了绿色建筑的建筑范围，但绿色建筑设计与发达国家相比仍处于起步阶段，相关的建筑规范和要求仍然存在缺失、不合理的问题，监管层面更是严重缺乏，限制了绿色设计的实施效果。②相较于传统建筑施工，绿色建筑设计对操作工艺和经济成本的要求也很高，部分建设单位因成本等因素对于绿色设计思路的应用兴趣不高。③绿色建筑设计需要相关的设计人员具备高素质的建筑设计能力，并能够在此基础上将生态环保理念融合在设计中，但实际的设计情况明显与期待值不符，导致绿色建筑设计理念流于形式，未得到落实。

二、建筑设计中应用绿色设计思路的措施

绿色建筑材料设计。绿色建筑设计中，材料选择和设计首要的环节，在这一阶段，主要是从绿色选择和循环利用设计两个方面出发。

绿色建筑材料的选择。建筑工程中，前期的设计方案除了要根据施工现场绘制图纸外，也会结合建筑类型事先罗列出工程建设中所需的建筑材料，以供采购部门参考。但传统的建筑施工"重施工，轻设计"的观念导致材料选购清单的设计存在较大的问题，

材料、设备过多或紧缺的现象时有发生。所以，绿色建筑设计思路要考虑到材料选购的环节，以环保节能为清单设计核心。综合考虑经济成本和生态效益，将建筑资金合理地分配到不同种类材料的选购上，可以把国家标准绿色建材参数和市面上的材料数据填写到统一的购物清单中，提高材料选择的环保性。而且，为了避免出现材料份额不当的问题，设计人员也要根据工程需求情况，设定一个合理数值范围，避免造成闲置和浪费。

循环材料设计。绿色建筑施工需要使用的材料种类和数量都较多，一旦管理的力度和范围有缺失就会资源的浪费，必须做好材料的循环使用设计方案。对于大部分的建筑施工而言，多数的材料都只使用了一次便无法再次利用，而且使用的塑料材质不容易降解，对环境造成了相当严重的污染。对此，在绿色建筑施工管理的要求下，可以先将废弃材料进行分类，一般情况下建材垃圾的种类有碎砌砖、砂浆、混凝土、桩头、包装材料以及屋面材料，设计方案中可以给出不同材料的循环方法，碎砌砖的再利用设计就可以是做脚线、阳台、花台、花园的补充铺垫或者重新进行制造，变成再生砖和砌块。

顶部设计。高层建筑的顶部设计在整体设计过程当中占据着非常重要的地位，独特的顶部设计能够增强整体设计的新鲜感，增强自身的独特性，更好地与其他建筑设计进行区分。比如说可以将建筑设计的顶部设计成蓝色天空的样子，等到晚上可以变成一个明亮的灯塔，给人眼前一亮的感觉。但是，并不可以单纯为了博得大家的关注而使用过多的建筑材料，避免造成资源浪费，顶部设计的独特性应该建立在节约能源资源的基础上，以绿色化设计为基础。

外墙保温系统设计。外墙自保温设计需要注意的是抹灰砂浆的配置要保证节能，尤其是抗裂性质的泥浆对于保证外保温系统的环保十分关键。为了保证砂浆维持在一个稳定的水平线以内，要在砂浆设计的过程中严格按照绿色节能标准，合理制定适当比例的乳胶粉和纤维元素比例，以保证砂浆对保温系统的作用。

个人认为，绿色建筑不光指民用建筑可持续发展建筑、生态建筑、回归大自然建筑、节能环保建筑等，工业建筑方面也要考虑其绿色、环保的设计，减少环境影响。

刚刚设计完成的定州雁翎羽绒制品工业园区，正是考虑到了绿色环保这一方面，采用工业污水处理＋零排放技术。其规模及影响力在全国羽绒制品行业首屈一指。

其地理位置正是位于雄安新区腹地，区位优势明显、交通便捷通畅、生态环境优良、资源环境承载能力较强，现有开发程度较低，发展空间充裕，具备高起点高标准开发建设的基本条件。为迎合国家千年大计之发展，该企业是羽绒行业单家企业最大的污水处理厂，工艺流程完善，污水多级回收重复利用，节能率最高，工艺设备最先进；总体池体结构复杂，污水处理厂区130×150m，整体结构控制难度大，嵌套式水池分布，土结构地下深度深，且多层结构，地利用率最充分，设计难度大。

整个厂区水循环系统为多点回用，污水处理有预处理＋生化＋深度生化处理＋过滤；后续配备超滤反渗透＋蒸发脱盐系统，是国内第一家真正实现生产污水零排放的羽绒企业。

简而言之，在建筑设计中应用绿色设计思路是非常有必要的，绿色建筑设计思路在当前建筑行业被广泛应用，也取得了较好的应用效果，进一步的研究是十分必要的，相信在以后的发展过程中，建筑设计中会加入更多的绿色设计思路，建筑绿色型建筑，为人们创建舒适的生活居住环境。

第四节　绿色建筑的设计及其实现

本节首先分析了绿色环境保护节能建筑设计的重要意义，随后介绍了绿色建筑初步策划、绿色建筑整体设计、绿色材料与资源的选择、绿色建筑建设施工等内容，希望能给相关人士提供参考。

随着近几年环境的恶化，绿色节能设计理念相继诞生，这也是近几年城市居民生活的直接诉求。在经济不断发展的背景下，人们对于生活质量的重视程度逐渐提升，使得环保节能设计逐渐成为建筑领域未来发展的主流方向。

一、绿色环境保护节能建筑设计的重要意义

绿色建筑拥有建筑物的各种功能，同时还可以按照环保节能原则实施高端设计，从而进一步满足人们对于建筑的各项需求。在现代化发展过程中，人们对于节能环保这一理念的接受程度不断提升，建筑行业领域想要实现可持续发展的目标，需要积极融入环保节能设计相关理念。而建筑应用期限以及建设质量在一定程度上会被环保节能设计综合实力所影响，为了进一步提高绿色建筑建设质量，需要加强相关技术人员的环保设计实力，将环保节能融入建筑设计的各个环节中，从而提高建筑整体质量。

二、绿色建筑初步策划

节能建筑设计在进行整体规划的过程中，需要先考虑环保方面的要求，通过有效的宏观调控手段，控制建筑环保性、经济性和商业性，从而促使三者之间维持一种良好的平衡状态。在保证建筑工程基础商业价值的同时，提高建筑整体环保性能。通常情况下，建筑物主要是一种坐北朝南的结构，这种结构不但能够保证房屋内部拥有充足的光照，同时还能提高建筑整体商业价值。实施节能设计的过程中，建筑通风是其中的重点环节，合理的通风设计可以进一步提高房屋通风质量，促进室内空气的正常

流通，从而维持清新空气，提高空气和光照等资源的使用效率。在建筑工程中，室内建筑构造为整个工程中的核心内容，通过对建筑室内环境进行合理布局，可以促进室内空间的充分利用，促进个体空间与公共空间的有机结合，在最大限度上提升建筑节能环保效果。

三、绿色节能建筑整体设计

空间和外观。通过空间和外观的合理设计能够实现生态设计的目标。建筑表面积和覆盖体积之间的比例为建筑体形系数，该系数能够反映出建筑空间和外观的设计效果。如果外部环境相对稳定，则体型系数能够决定建筑能源消耗，比如建筑体形系数扩大，则建筑单位面积散热效果加强，使总体能源消耗增加，为此需要合理控制建筑体型系数。

门窗设计。建筑物外层便是门窗结构，会和外部环境空气直接接触，空气会顺着门窗的空隙传入室内，影响室温状态，无法发挥良好的保温隔热效果。在这种情况下，需要进一步优化门窗设计。窗户在整个墙面中的比例应该维持一种适中状态，从而有效控制采暖消耗。对门窗开关形式进行合理设计，比如推拉式门窗能够防止室内空气对流。在门窗的上层添加嵌入式的遮阳棚，从而对阳光照射量进行合理调节，促进室内温度维持一种相对平衡的状态，维持在一种最佳的人体舒适温度。

墙体设计。建筑墙体功能之一便是促进建筑物维持良好的温度状态。进行环保节能设计的过程中，需要充分结合建筑墙体作用特征，提升建筑物外墙保温效果，扩大外墙混凝土厚度，通过新型的节能材料提升整体保温效果。最新研发出来的保温材料有耐火纤维、膨胀砂浆和泡沫塑料板等。相关新兴材料能够进一步减缓户外空气朝室内的传播渗透速度，从而降低户外温度对于室内温度的不良影响，达到一种良好的保温效果。除此之外，新兴材料还可以有效预防热桥和冷桥磨损建筑物墙体，增加墙体使用期限。

四、绿色材料与资源的选择

合理选择建筑材料。材料是对建筑进行环保节能设计中的重要环节，建筑工程结构十分复杂，因此对于材料的消耗也相对较大，尤其是在各种给水材料和装饰材料中。通过高质量装饰材料能够突显建筑环保节能功能，比如通过淡色系的材料进行装饰，不仅可以进一步提高整个室内空间的开阔度和透光效果，同时还能够对室内的光照环境进行合理调节，随后结合室内采光状态调整光照，降低电力消耗。建筑工程施工中给排水施工是重要环节，为此需要加强环保设计，尽量选择环保耐用、节能环保、危险系数较低的管材，从而进一步增加排水管道应用期限，降低管道维修次数，为人们提供更加方便的生活，提升整个排水系统的稳定性与安全性。

利用清洁能源。对清洁能源的应用技术是最新发展出来的一种广泛应用于建筑领域中的技术，受到人们广泛欢迎，同时也是环保节能设计中的核心技术。其中难度较高的技术为风能技术、地热技术和太阳能技术。而相关技术开发出来的也是可再生能源，永远不会枯竭。将相关尖端技术有效融入建筑领域中，可以为环保节能设计奠定基础保障。在现代建筑中太阳能的应用逐渐扩大，人们能够通过太阳能直接进行发电与取暖，也是现代环保节能设计中的重要能源渠道。社会的发展离不开能源，而随着我们发展速度不断加快，对于能源的消耗也逐渐增加，清洁能源的有效利用可以进一步减轻能源压力，同时清洁能源还不会造成二次污染，满足人们绿色生活要求。当下建筑领域中的清洁能源以自然光源为主，能够有效减轻视觉压力，为此在设计过程中需要提升自然光利用率，结合光线衍射、反射与折射原理，合理利用光源。因为太阳能供电需要投入大量资金资源进行基础设备建设，在一定程度上阻碍了太阳能技术的推广。风能的应用则十分灵活，包括机械能、热能和电能等，都可以由风能转化并进行储存，从这种角度来看风能比太阳能拥有更为广阔的开发前景。绿色节能技术的发展能够在建筑领域中发挥出更大的作用。

五、绿色建筑建设施工技术

地源热泵技术。地源热泵技术常用与解决建筑物中的供热和制冷难题，能够发挥出良好的能源节约效果。和空气热泵技术相比，地源热泵技术在实践操作过程中，不会对生态环境造成太大的影响，只会对周围部分土壤的温度造成一定影响，对于水质和水位没有太大影响，因此可以说地源热泵拥有良好的环保效果。地理管线应用性能容易被外界温度所影响，在热量吸收与排放两者之间相互抵消的条件下，地源热泵能够达到一种最佳的应用状态。我国南北方存在巨大温差，为此在维护地理管线的过程中也需要使用不同的处理措施。北方可以通过增设辅助供热系统的方式，分散地源热泵的运行压力，提高系统运行稳定性；而南方地区则可以通过冷却塔的方法分散地源热泵的工作负担，延长地源热泵应用期限。

蓄冷系统。通过优化设计蓄冷系统，可以对送风温度进行全面控制，减少系统中的运行能耗。因为夜晚的温度通常都比较低，方便在降低系统能耗的基础上，有效储存冷气，在电量消耗相对较大的情况下有效储存冷气，随后在电力消耗较大的情况下，促进系统将冷气自动排送出去，结束供冷工作，减少电费消耗。条件相同的情况下，储存冰的冷器量远远大于水的冷气量，同时冰所占的储冷容积也相对较小，为此热量损失较低，能够有效控制能量消耗。

自然通风。自然通风可以促进室内空气的快速流动，从而使室内外空气实现顺畅交换，维持室内新鲜的空气状态，使其满足舒适度要求，同时不会额外消耗各种能源，降低污染物产量，在零能耗的条件下，促进室内的空气状态达到一种良好的状态。在该种理念的启发下，绿色空调暖通的设计理念相继诞生。自然通风主要可以分为热压通风和风压通风两种形式，而占据核心地位和主导优势的是风压通风。建筑物附近风压条件也会对整体通风效果产生一定影响。在这种情况下，需要合理选择建筑物具体位置，充分结合建筑物的整体朝向和分布格局进行科学分析，提高建筑物整体通风效果。在设计过程中，还需充分结合建筑物剖面和平面状态进行综合考虑，尽量降低空气阻力对于建筑物的影响，扩大门窗面积，使其维持在同一水平面，实现减小空气阻力的效果。天气因素是影响户外风速的主要原因，为此在对建筑窗户进行环保节能设计时，可以通过添加百叶窗对风速进行合理调控，从而进一步减轻户外风速对于室内通风的影响。热压通风和空气密度之间的联系比较密切。室内外温度差异容易影响整体空气密度，空气能够从高密度区域流向低密度区域，促进室内外空气的顺畅流通，通过流入室外干净的空气，从而把室内浑浊的空气排送出去，提升室内整体空气质量。

空调暖通。建筑物保温功能主要是通过空调暖通实现的。为了实现节能目标，可以对空调的运行功率进行合理调控，从而有效减少室内热量消耗，提高空调暖通的环保节能效果。除此之外，还可以通过对空调风量进行合理调控的方法降低空调运行压力，减少空调能耗，实现节能目标。把变频技术融入空调暖通系统中，能够进一步减少空调能耗，和传统技术下的能耗相比降低了四成，提高了空调暖通的节能效果。经济发展带来双重后果：一是提升了人们整体生活质量，二是加重了环境污染，威胁到人们身体健康。对空调暖通进行优化设计能够有效降低污染物排放，减少能源消耗，从而提升整体环境质量。在对建筑中的空调暖通设备进行设计的过程中，还需要充分结合建筑外部气流状况和建筑当地地理状况，有效选择环保材料，促进系统升级，提升环保节能设计的社会性与经济效益。

电气节能技术。在新时期的建筑设计中，电气节能技术的应用范围逐渐扩大，能够进一步减少能源消耗。电气节能技术大都应用于照明系统、供电系统和机电系统中。在配置供电系统相关基础设备的过程中，应该始终坚持安全和简单的原则，预防出现相同电压变配电技术超出两端问题，外变配电所应该和负荷中心之间维持较近的距离，从而有效减少能源消耗，促进整个线路的电压维持一种稳定的状态。为了降低变压器空载过程中的能量损耗，可以选择配置节能变压器。为了进一步保证热稳定性，控制电压损耗，应该合理配置电缆电线。照明设计和配置两者之间完全不同，照明设计需要符合相应的照度标准，只有合理设计照度才能降低电气系统能源消耗，实现优化配置终极目标。

综上所述，环保节能设计符合新时期的发展诉求，同时也是建筑领域未来发展的主流方向，能够促进人们生活环境和生活质量的不断优化，在保证建筑整体功能的基础上，为人们提供舒适生活，打造生态建筑。

第五节　绿色建筑设计的美学思考

在以绿色与发展为主题的当今社会，随着我国经济的飞速发展，科技创新不断进步，在此影响下绿色建筑在我国得以全面发展贯彻，各类优秀的绿色建筑案例不断涌现，这给建筑设计领域也带来了一场革命。建筑作为一门凝固的艺术，其本身是以建筑的工程技术为基础的一门造型艺术。绿色技术对建筑造型的设计影响显著，希望本节这些总结归纳能对从事建筑业的同行有所帮助和借鉴。

建筑是人类改造自然的产物，绿色建筑是建筑学发展到当前阶段人类对我们不断恶化的居住环境的回应。在绿色建筑的主题也更是对建筑三要素"实用、经济、美观"的最好解答，基于此，对绿色建筑下的建筑形式美学展开研究分析，就十分的必要了。

一、绿色建筑设计的美学基本原则

"四节一环保"是绿色建筑概念最基本的要求，新的国家标准 GBT 50378—2009《绿色评价标准》更是在之前的基础上体现出了"以人为本"的设计理念。因此对于绿色建筑的设计，首先要求我们要回归建筑学的最本质原则，建筑师要从"环境、功能、形式"三者的本质关系入手，建筑所表现的最终形式是对这三者的关系最真实的反映。对于建筑美，从建筑诞生那刻起人类对建筑美的追求就从未停止，虽然不同时代，不同时期人们的审美有所不同，但美的法则是有其永恒的规律可遵循的。优秀的建筑作品无一例外地都遵循了"多样统一"的形式美原则，对于这些如主从、对比、韵律、比例、尺度、均衡基本法则仍然是我们建筑审美的最基本原则。从建造角度来讲，建筑本身是和建筑材料密切相关的，整个建筑的历史，从某种意义来说也是一部建筑材料史，绿色建筑美的表现还在于对其建筑材料本身特质与性能的真实体现。

二、绿色建筑设计的美学体现

生态美学。生态美属于是所有生命体和自然环境和谐发展的基础，其需要确保生态环境中的空气、水、植物、动物等众多元素协调统一，建筑师的规划设计需要满足自然规律的前提下来实现。我们都知道，中国传统民居就是在我国古代劳动人民不断地适应自然，改造自然的过程中，不断积累经验，利用本土建筑材料与长期积累的建造技艺来建造，最终形成一套具有浓郁地方特色的建筑体制，无论是北方的合院，江南的四水归堂，中西部的窑洞，西南地区的干阑式建筑无一例外都是适应当地自然环境气候特征、因地制宜的建造的结果，其本质体现了先民一种"天人合一"与自然和谐相处的哲学思想。现代生态建筑的先驱及最忠实践者的马来西亚建筑大师杨经文的实践作品为现代建筑的生态设计的提供了重要的方向。他认为"我们不需要采取措施来衡量生态建筑的美学标准。我认为，它应该看起来像一个'生活'的东西，它可以改变、成长和自我修复，就像一个活的有机体，同时它看起来必须非常美丽"。

工艺美学。现代建筑起源于工艺美术运动，而最早有关科技美的思想，是一名德国的物理学家兼哲学家费希纳所提出的。建筑是建造艺术与材料艺术的统一体，其表现出的结构美，材料质感美都与工业、科技的发展进步密不可分。人类进入信息化社会以后，区别于以往单纯追求的技术精美，未来建筑会更加智能化，科技感会更突出。这种科技美的出现虽然打破了过去对于自然美和艺术美的概念，但同时又为绿色建筑向更高端迈进提供了新的机会，与以往"被动式"绿色技术建造为主不同，未来的绿色建筑将更加的"主动"，从某种意义上讲绿色建筑也会变得更加有机，自我调控修复的能力更强。

空间艺术。建筑从使用价值角度来讲，其本质的价值不在于外部形式而在于内部空间本身。健康的舒适的室内空间环境是绿色建筑最基本的要求。不同地域不同气候特征下，建筑内部的空间特征就有所区别。一般来说，严寒地区的室内空间封闭感比较强，炎热地区的空间就比较开敞通透。建筑内部对空间效果的追求要以有利于建筑节能，有利于室内获得良好通风与采光为前提。同时，室内空间的设计要能很好地回应外部的自然景观条件，能将外部景观引入的室内（对景、借景），从而形成美的空间视觉感受。

三、绿色建筑设计的美学设计要点

绿色建筑场地设计。绿色建筑对场地设计的要求我们在开发利用场地时，能保护场地内原有的自然水域、湿地、植被等，保持场地内生态系统与场外生态系统的连贯性。正所谓"人与天调，然后天下之美生"。意为只有将"人与天调"作为基础，进行全面的关注和重视，综合对于生态的重视，我们才能够完成可持续发展观，从而设计并展现出真正的美。这就要求我们在改造利用场地时，首先选址要合理，所选基地要适合于建筑的性质。在场地规划设计时，要结合场地自身的特点（地形地貌等），因地制宜的协调各种因素，最终形成比较理性的规划方案。建筑物的布局应要合理有序，功能分区明确，交通组织合理。真正与场地结合比较完美建筑就如同在场地中生长出一般，如现代主义建筑大师赖特的代表作流水别墅就是建筑与地形完美结合的经典之作。

绿色建筑形体设计。基于绿色建筑下建筑的形态设计，建筑师应充分考虑建筑与周边自然环的联系，从环境入手来考虑建筑形态，建筑的风格应与城市、周边环境相协调。一般在"被动式"节能理念下，建筑的体形应该规整，控制好建筑表面积与其体积的比值（体型系数），才能节约能耗。对于高层建筑，风荷载是最主要的水平荷载。

建筑体形要求能有效减弱水平风荷载的影响，这对节约建筑造价有着积极的意义，如上海金茂大厦、环球金融中心的体形处理就是非常优秀的案例。在气候影响下，严寒地区的建筑形态一般比较厚重，而炎热地区的建筑形态则相对比较轻盈舒展。在场地地形高差比较复杂的条件下，建筑的形态更应结合场地地形来处理，以此来实现二者的融合。

绿色建筑外立面设计。绿色建筑要求建筑的外立面首先应该比较简洁，摒弃无用的装饰构件，这也符合现代建筑"少就是多"的美学理念。为了保证建筑节能，应在满足室内采光要求下，合理控制建筑物外立面开窗尺度。在建筑立面表现上，我们可通过结合遮阳设置一些水平构架或垂直构件，建筑立面的元素要有存在的实用功能。在此理念下，结合建筑美学原理，来组织各种建筑元素来体现建筑造型风格。在建材选择选择上，应积极选用绿色建材，建筑立面的表达要能充分表现材料本身的特色，如钢材的轻盈，混凝土的厚重及可塑性，玻璃反射与投射等等。在智能技术发展普及下，建筑的外立面就不是一旦建成就固定不变了，如今已实现了可控可调，建筑的立面可以与外部环境形成互动，丰富了建筑的立面视觉感观。如可根据太阳高度及方位的变化，可智能调节的遮阳板，可以"呼吸"的玻璃幕墙，立体绿化立面等等，这些都展现出了科技美与生态美理念。

绿色室内空间设计。在室内空间方面，首先绿色建筑提倡装修一体化设计，这可以缩短建筑工期，减少二次装修带来的建筑材料上的浪费。从建筑空间艺术角度，一体化设计更有利于建筑师对建筑室内外整体建筑效果的把控，有利于建筑空间氛围的营造，实现高品位的空间设计。从室内空间的舒适性方面，绿色建筑的室内空间要求能改善室内自然通风与自然采光条件。基于此，中庭空间无疑是最常用的建筑室内空间。结合建筑的朝向以及主要风向设置中庭，形成通风甬道。同时将外部自然光引入室内、利用烟囱的效应，有助于引进自然气流，置换优质的新鲜空气。中庭地面设置绿化、水池等景观，在提供视觉效果的同时，更有利于改造室内小气候。

绿色建筑景观设计。景观设计由于其所处国度及文化不同，设计思想差异很大，以古典园林为代表的中国传统景观思想讲究体现自然山水的自然美，而西方古典园林则是以表达几何美为主。在这两种哲学思想下，形成了现代景观设计的两条主线。绿色主题下的景观设计应该更重视建立良性循环的生态系统，体现自然元素和自然过程，减少人工痕迹。在绿化布局中，我们要改变过去单纯二维平面维度的布置思路，而应该提高绿容率，讲究立体绿化布置。在植物配置的选择上应以乡土树种为主，提倡"乔、灌、草"的科学搭配，提高整个绿地生态系统对基地人居环境质量的功能作用。

绿色建筑的发展打破了固有的建筑模式，给建筑行业注入了新的活力。伴随着人们对绿色建筑认识的提高，也会不断提升对于绿色建筑的审美能力，作为我们建筑师更应该提升个人修养，杜绝奇奇怪怪的建筑形式，创作符合大众审美的建筑作品。

第六节 绿色建筑设计的原则与目标

以"生态引领、绿色设计"为主的绿色建筑设计理念逐渐得到建筑行业重视，并得到一定程度的推广与应用。以绿色建筑为主的设计理念主张结合可持续战略政策，实现建筑领域范围内的绿色设计目标，解决以往建筑施工污染问题，最大限度地确保建筑绿色施工效果。可以说，实行绿色建筑设计工作俨然成为我国建筑领域需要重点贯彻与落实的工作内容。针对于此，本节主要以绿色建筑设计为研究对象，重点针对绿色建筑设计原则、实现目标及设计方法进行合理分析，以供参考。

全面贯彻与落实国家建筑部会议精神及决策部署，牢固树立创新、绿色、开放的建筑领域发展理念，俨然成为建筑工程现场施工与设计工作亟待实现的发展理念与核心目标。目前，对于绿色建筑设计问题，必须严格按照可持续发展理念与绿色建筑设计理念，即构建以创新发展为内在驱动力，以绿色设计与绿色施工为内在抓手的设计理念，以期可以为绿色建筑设计及现场施工提供有效保障。与此同时，在实行绿色建筑设计过程中，建筑设计人员必须始终坚持把"生态引领、绿色设计"放在全局规划设计当中，力图将绿色建筑设计工作带动到建筑工程全过程施工当中。

一、绿色建筑的相关概述

基本理念。所谓的绿色建筑主要是指在建筑设计与建筑施工过程中，始终秉持人与自然协调发展原则，并秉持节能降耗发展理念，保护环境和减少污染，为人们提供健康、舒适和高效的使用空间，建设与自然和谐共生的建筑物。在提高自然资源利用率的同时，尽量促进生态建筑与自然建筑的协调发展。在实践过程中，绿色建筑一般不会使用过多的化学合成材料，反而会充分利用自然能源，如太阳光、风能等可再生资源，让建筑使用者直接与大自然相接触，减少以往人工干预问题，确保居住者能够生活在一个低耗、高效、环保、绿色、舒心的环境当中。

核心内容。绿色建筑核心内容以节约能源资源与回归自然为主。其中，节约能源资源主要指在建筑设计过程中，利用环保材料、最大限度地确保建设环境安全。与此同时，提高材料利用率，合理处理并配置剩余材料，确保可再生能源得以反复利用。举例而言，针对建筑供暖与通风设计问题，在设计方面应该尽量减少空调等供暖设备的使用量，最好利用自然资源，如太阳光、风能等，加强向阳面的通风效果与供暖效果。一般来说，不同地区的夏季主导风向有所不同。建筑设计人员可以根据不同的地区地理位置以及气候因素进行统筹规划与合理部署，科学设计建筑平面形式和总图布局。

而绿色建筑设计主要是指在充分利用自然资源的基础上，实现建筑内部设计与外部环境的协调发展。通俗来讲，就是在和谐中求发展，尽可能地确保建筑工程的居住效果与使用效果。在设计过程中，摒弃传统能耗问题过大的施工材料，尽量杜绝使用有害化学材料等，并尽量控制好室内温度与湿度问题。待设计工作结束之后，现场施工人员往往需要深入施工场地进行实地勘测，及时明确施工区域土壤条件，是否存在有害物质等。需要注意的是，对于建筑施工过程中使用的石灰、木材等材料必须事先做好质量检验工作，防止施工能耗问题。

二、绿色建筑设计的原则

简单实用原则。工程项目设计工作往往需要立足于当地经济特点、环境特点以及资源特点等方面进行统筹考虑，对待区域内自然变化情况，必须充分利用各项元素，以期可以提高建筑设计的合理性与科学性。介于不同地域经济文化、风俗习惯存在一定差异，因此所对应的绿色设计要求与内容也不尽相同。针对于此，绿色建筑设计工作必须在满足人们日常生活需求的前提下，尽可能地选用节能型、环保型材料，确保工程项目设计的简单性与适用性，更好地加强对外界不良环境的抵御能力。

经济和谐原则。绿色建筑设计针对空间设计、项目改造以及拆除重建问题予以重点研究，并针对施工过程能耗过大的问题，如化学材料能耗问题等进行了合理改进。主张现场施工人员以及技术人员必须采取必要的控制手段，解决以往施工能耗过大的问题。与此同时，严格要求建筑建筑设计人员必须事先做好相关调查工作，明确施工场地施工条件，针对不同建筑系统采取不同的方法策略。为此，绿色建筑设计要求建筑设计人员必须严格遵照经济和谐原则，充分延伸并发展可持续发展理念，满足工程建设经济性与和谐性目标。

节约舒适原则。绿色建筑设计主体目标在于如何实现能源资源节约与成本资源节约的双向发展。因此，国家建筑部将节约舒适原则视作绿色建筑设计工作必须予以重点践行的工作内容。严格要求建筑设计人员必须立足于城市绿色建筑设计要求，重点考虑城市经济发展需求与主要趋势，并且根据建设区域条件，重点考虑住宅通风与散热等问题。最好减少空调、电扇等高能耗设备的使用频率，以期可以初步缓解能源需求与供应之间的矛盾现象。除此之外，在建筑隔热、保温以及通风等功能的设计与应用方面，最好实现清洁能源与环保材料的循环使用，以期可以进一步提升人们生活的舒适程度。

三、绿色建筑设计目标内容

新版《公共建筑绿色设计标准》与《住宅建筑绿色设计标准》针对绿色建筑设计

目标内容做出了明确指示与规划，要求建筑设计人员必须从多个层面，实现层层推进、环环紧扣的绿色建筑设计目标。重点从各个耗能施工区域入手，加强节能降耗设计措施，以确保绿色建筑设计内容实现建筑施工全范围覆盖目标。以下是本人结合实际工作经验，总结与归纳出绿色建筑设计亟待实现的目标内容，仅供参考。

功能目标。绿色建筑设计功能目标涵盖面较广、集中以建筑结构设计功能、居住者使用功能、绿色建筑体系结构功能等目标内容为主。在实行绿色建筑设计工作时，要求建筑设计人员必须从住宅温度、湿度、空间布局等方面综合衡量与考虑，如空间布局规范合理、建筑面积适宜、通风性良好等。与此同时，在身心健康方面，要求建筑设计人员必须立足于当地实际环境条件，为室内空间营造良好的空气环境，且所选用的装饰材料必须满足无污染、无辐射的特点，最大限度地确保建筑物安全，并满足建筑物使用功能。

环境目标。实行绿色建筑设计工作的本质目的在于尽可能地降低施工过程中造成的污染影响。因此，对于绿色建筑设计工作而言，必须首要实现环境设计目标。在正式设计阶段，最好着眼于合理规划建筑设计方案方面，确保绿色建筑设计目标得以实现。与此同时，在能源开采与利用方面，最好重点明确设计目标内容，确保建筑物各结构部位的使用效果。如结合太阳能、风能、地热能等自然能源，降低施工过程中的能耗污染问题。

成本目标。经济成本始终是建筑项目予以重点考虑的效益问题。对于绿色建筑设计工作人言，实现成本目标对于工程建设项目而言，具有至关重要的作用。对于绿色建筑设计成本而言，往往需要从建筑全寿命周期进行核定。对待成本预算工作，必须从整个规划的建筑层面入手，将各个独立系统额外增加的费用进行合理记录。最好从其他处进行减少，防止总体成本发生明显波动。如太阳能供暖系统投资成本增加可以降低建筑运营成本等。

四、绿色建筑设计工作的具体实践分析

关于绿色建筑设计工作的具体实践，笔者主要以通风设计、给排水设计、节材设计为例。其中，通风设计作为绿色建筑设计的重点内容，需要立足于绿色建筑设计目标，针对绿色建筑结构进行科学改造。如合理安排门窗开设问题、适当放宽窗户开设尺寸，以达到提高通风量的目的。与此同时，对于建筑物内部走廊过长或者狭小的问题而言，建筑设计人员一般多会针对楼梯走廊实行开窗设计，目的在于提高楼梯走廊光亮程度以及通风效果。

在给排水系统设计方面，严格遵循绿色建筑设计理念，将提高水资源利用效率视为给排水系统设计的核心目标。在排水管道设施的选择方面，尽量选择具备节能性与

绿色性的管道设施。在布局规划方面，必须满足严谨、规范的绿色建筑设计原则。另外，在节约水资源方面，最好合理回收并利用雨水资源、规范处理废水资源。举例而言，废水资源经循环处理之后，可以用于现场施工，如清洗施工设备等。

在建筑设计过程中，节材设计尤为重要。建筑材料的选择直接影响着设计手法和表现的效果，建筑设计应尽量多地采用天然材料，并力求使资源可重复利用，减少资源的浪费。木材、竹材、石材、钢材、砖块、玻璃等均是可重复利用极好的建材，是现在建筑师最常用的设计手法之一，也是体现地域建筑的重要表达语言。旧材料的重复利用，加上现代元素的金属板、混凝土、玻璃等能形成强烈的新旧对比，在节材的同时赋予了旧材料新生命，同时也彰显的人文情怀和地方特色。材料的重复使用更能凸显绿色建筑，地域与人文的"呼应"，传统与现代的"融合"，环境与建筑的"一体"的理念。

总而言之，绿色建筑设计作为实现城市可持续发展与环保节能理念落实的重要保障，理应从多个层面实现层层推进、环环紧扣的绿色建筑设计目标。在绿色建筑设计过程中，最好将提高能源资源利用率、实现节能、节材、降耗目标放在首要设计战略位置，力图在降低能耗的同时节约成本。与此同时，在绿色建筑设计过程中，对于项目规划与设计问题，必须尊重自然规律、满足生态平衡。对待施工问题，不得擅自主张改建或者扩建，确保能够实现人与自然和谐相处的目标。需要注意的是，工程建筑设计人员最好立足于当前社会发展趋势与特点，明确实行绿色建筑设计的主要原则及目标，从根本上确保绿色建筑设计效果，为工程建造安全提供保障。

第七节　基于 BIM 技术的绿色建筑设计

社会的快速发展推动了我国城市化的进程，使得建筑行业的发展取得了突飞猛进的进步，建筑行业在快速发展的同时也给我国的生态环境带来了一定的污染，一些能源也面临着枯竭。这类问题的出现对我国的经济发展产生了重大的影响。随着环境和能源问题的日益增大，我国对于生态环境保护给予了重大的关注，使我国现阶段的发展理念以节能、绿色和环保为主。作为我国城市发展基础工程的建筑工程，为了适应社会的发展，也逐渐向着绿色建筑的方向进步。虽然我国对于绿色建筑已经大力发展，但是由于一些因素的影响，使得绿色建筑的发展存在着一些问题，为了有效地对绿色建筑发展中出现的问题进行解决，就需要在绿色建筑发展中合理运用 BIM 技术。本节主要就是基于 BIM 技术的绿色建筑设计进行的分析和研究。

一、BIM 技术和绿色建筑设计的概述

BIM 技术。BIM 技术就是一种建新型的建筑信息模型，通常应用在建筑工程中的设计建筑管理中，BIM 的运行方式主要是先通过参数对模型的信息进行整合，并在项目策划、维护以及运行中进行信息的传递。将 BIM 技术应用在绿色建筑设计中，不但可以为建筑单位以及设计团队奠定一定的合作基础，还可以有效地为建筑物从拆除到修建等各个环节提供有力的参考，由此可见，BIM 技术可以推广建筑工程的量化以及可视化。在建筑工程的项目建筑中，不论任何单位都可以利用 BIM 技术来对作业的情况进行修改、提取以及更新，所以说 BIM 技术还可以促进建筑工程的顺利开展。BIM 技术的发展是以数字技术为基础，是利用数字信息模型来对信息在 BIM 中进行储存的一个过程，这些储存的信息一般是对工程建筑施工、设计和管理具有重要作用的信息，通过 BIM 技术实现对关键信息的统一管理，有利于施工人员的工作。BIM 技术的建筑模型技术，主要运用的仿真模拟技术，这种技术即使面对的是一项复杂的工程，也可以快速地对工程的信息进行分析，BIM 技术具有的模拟性、协调性和可视性等特点，可以有效地对建筑工程的施工质量进行提升对施工成本进行降低。

绿色建筑设计。绿色建筑在我国近几年的发展中应用的范围越来越广泛，绿色建筑的发展源于我国以往的建筑行业发展和工业发展带来的严重环境污染和资源浪费，对绿色建筑进行发展主要是希望建筑物在发挥其自身特性的同时，也能够达到节能减排的目的，是为了使我国的建筑发展能够在建筑物有限的使用寿命里有效地节约能源和减少污染。只有这样才能够提升人们的生活质量和促进人与建筑以及人与人的和谐发展。绿色建筑是一种建筑设计理念，并不是在建筑的周围所进行的一种绿色设计，简单来说，就是在工程建设不破坏生态平衡的前提下，还能够有效地对建筑材料的使用以及能源的使用进行减少，发展的目的是以节能环保为主。

二、BIM 技术与绿色建筑设计的相互关系

BIM 技术为绿色建筑设计赋予了科学性。BIM 技术主要是通过数字信息模型来对绿色建筑中的数据进行分析，分析的数据不但包括设计数据，还包括施工数据，所以BIM 技术的运用是贯穿于整个建筑工程项目。BIM 技术可以在市政、暖通、水利、建筑以及桥梁的施工中进行引用，在建筑工程中利用 BIM 技术，主要是为了对工程建设的能源损耗进行减小，对施工效率和施工质量进行提高。由于 BIM 技术的发展是以数字技术为基础，所以对数据的分析具有精确性和正确性的特点，在绿色建筑设计的数据分析中利用 BIM 技术进行分析，可以有效地使绿色建筑的设计更加科学化和规范化，绿色建筑设计经过精确的数据分析可以更好地达到绿色建筑的行业标注要求。

绿色建筑设计促进了 BIM 发展技术的提升。我国的 BIM 技术相较于发达国家，起步是较晚的，所以 BIM 技术的发展较为落后，BIM 技术在我国处于探究发展的阶段，为了加强 BIM 技术的发展，就应在实际的运用中对 BIM 技术问题进行发现和修整。因此，在绿色建筑设计中应用 BIM 技术可以有效地提高 BIM 技术发展的速度，由于绿色建筑设计的每一个环节都需要用到 BIM 技术来进行辅助工作和数据支撑，所以可以对 BIM 技术在每一个环节中出现的问题进行及时发现。

三、基于 BIM 技术的绿色建筑设计

节约能源的使用。绿色建筑设计发展的要求就是做到对资源使用有效的节约，所以说节约能源是绿色建筑设计发展的重要内容。在绿色建筑设计中，BIM 技术的使用可以通过建立三维模型来对能源的消耗情况进行分析软件，在对数据进行分析时，还可以根据当地气候的数据对模拟进行调整，这样就会使得对建筑结构分析的精确，建筑结构设计具有精确性就会最大限度地避免出现建筑结构重置的情况，在实际的施工中也可以减小工程变更问题的出现，因此可以较大程度地减小对能源的使用。通过 BIM 技术还可以实现对太阳辐射强度的分析，这样就可以通过对太阳辐射的分析来获取太阳能，可以做到对太阳能的最大限度使用，太阳能为可再生能源，在绿色建筑中加大对太阳能的使用，就可以有效地减小对其他能源的使用率。

运营管理分析。建筑物对能源的消耗是极大的，而能耗的问题也是建筑行业发展中所面临的严峻挑战之一，将 BIM 技术应用在建筑工程中不但可以有效地降低项目工程设计、运行以及施工中对能源消耗的情况，由于 BIM 技术具有独特的状态监测功能，还可以在较短的时间内对建筑设备的运行状态进行了解和有效地实现，对运营的实时监管和控制。通过对运营的监管可以最大限度地减少使用能源，从而使得绿色建筑设计的经济效益最大化。BIM 技术还具有紧急报警装置，如果在施工的过程中有意外情况的发生，BIM 就会及时发出警报，从而使得事故发生损失最小化。

室内环境分析。在绿色建筑中利用 BIM 技术对数据进行分析，可以通过精确且高效的计算数据来对建筑物设计中的不足进行发现，这样不但可以有效地对建筑设计的水平进行提升，还可以最大限度地对建筑物室内的环境、通风、采光、取暖、降噪等方面进行优化。BIM 技术对室内环境的优化主要是通过对室内环境的各种数据进行分析之后得出真实情况的模拟，再通过 BIM 技术准确的数据支撑，使设计者在了解数据之后通过对门窗开启的时间、速度和程度等各种条件来对通风的情况进行改善，因此，BIM 技术的应用可以有效地优化室内通风的状况。

协调建筑与环境之间的关系问题。利用 BIM 技术可以对建筑物的墙体、采光问题、通风问题以及声音的问题等通过数据进行分析，在利用 BIM 技术对这类问题进行分析

时，通常是利用建筑方所提供的设计说明书来对相应的光源、声音以及通风的情况进行的设计，通过把这类数据输入 BIM 软件，便可以生产与其相关的数据报告，设计者再通过这些报告来对建筑物的设计进行改进，便可有效地对建筑物和环境之间的问题进行协调。

我国科技的不断发展在促进社会进步的同时，也使得 BIM 技术得到广泛的应用，为了满足社会发展的需求，我国的建筑行业正在向着绿色建筑方向发展。要使绿色建筑设计发展取得良好的发展，就需要在绿色建筑设计中融入 BIM 技术，它对绿色建筑设计具有较好的辅助作用，有利于提升设计方案的生态性，并且还可以有效地改善建筑工程建设污染严重的情况。面对环境污染严重的局势，我国必须加大对绿色建筑设计的推广力度，并且积极地利用现代技术来优化模拟设计方案，这样才可以推动建筑设计的生态型以及促进建筑行业的可持续发展。

第七章　建筑景观设计

第一节　绿色建筑景观设计

随着人们生活质量的提高，对绿色发展理念越来越重视，建筑存在于我们生活中，成为我们人类赖以生存的环境，其设计的好坏对我们的生活影响较大，所以就促使设计人员对绿色建筑景观的设计研究，本节从绿色建筑与景观设计的关系出发，对绿色建筑设计要点进行了详细分析，并阐述了景观设计理念在绿色建筑方面的应用。

绿色建筑成为当前城市建设的代名词，面对高速发展的城市化进程，绿色建筑顺应了时代的发展，促使景观设计应用到绿色建筑中，并对城市生态系统的改善起到了重要的决定性作用，绿色建筑的核心就是将建筑融入我们生存的大生态系统中，实现建筑与景观的有机融合，使建筑与景观达到和谐统一。绿色建筑不仅仅符合国家大力提倡的节能理念，减少了资源的浪费，而且还满足了人们高品质生活的需求。

一、绿色建筑与生态景观设计的关系

（一）绿色建筑的定义

绿色建筑主要涵盖了环保、节能、健康、效率四个方面，绿色建筑实现了资源的合理化利用，得到最大限度的发挥，实现了人与自然和和谐发展。绿色建筑一个重要的宗旨就是对环境的破坏达到最小，避免给大自然带来沉重的负担。绿色建筑重要强调以下三项：①建筑要通风换气；②室内绿化的理念独具创新；③绿色建筑采用的材料尽可能选择循环可利用的资源。绿色建筑是建立在不破坏生态环境的前提下，要达到节水、节能、节地、节材的目标，从而达到保护环境的目的。

（二）绿色建筑与景观设计结合的联系

绿色建筑的发展需要在其中加入景观的元素，景观的室外环境设计核心应该是朴素的、简单的，与生态、自然相结合，设计的内容和形式与地方性、民族性特点相结合。小区的喷泉、雕塑、亭台、大理石铺装等则是过于强调装饰性的景观，与绿色建

筑的理念相违背。小区的景观设计在保证建筑环境的舒适度下，用可循环利用的材料、较少的投入、简单施工、最大限度地利用原有的自然环境，就势造景。一般使用本地乡土植物树种，尽量少用化石能源进行景观局部改造，并且可以达到较好的景观效果。绿色建筑生态景观设计要因地制宜，让小区整体风格与原有空间相融合和协调。

二、绿色建筑景观设计的重要性意义

传统的建筑设计理念不注重对大自然的保护，为了保护我们赖以生存的居住环境，在建筑建造的过程中，必须要尊重大自然，顺从大自然的要求，避免出现人为改变的情况，提高土地的利用率，实现人与自然的可持续发展，景观设计就是建筑设计与自然的相互对话，自然系统生长着各种各样的生物，也构成了景观设计的原材料。

绿色建筑融入景观设计要在大自然可以容纳的范围内，实现生态系统的重复利用，达到自身净化的作用，使其可以循环利用，减少施工过程中的废弃物，不仅节约了建筑开发商的建筑成本，而且产生了极大的社会效益和经济效益。

三、绿色建筑景观设计要点

建筑工程在实施前：①要考虑建设绿色建筑工程，对绿色建筑选址时，安全要排在第一位；②对选址位置进行地质勘测，然后根据检测报告，开始对建筑工程方案的编制，根据绿色建筑的设计目标要求，尽量选择土地利用率的旧城区，旧城区属于已经开发的建筑用地，避开生态敏感的地区，可以抵抗自然灾害因素的干扰，从而制定最佳的实施方案，施工方案要详细制定，各种复杂因素要考虑周全，避免不必要的设计变更，问题提前考虑全面，避免对周围建筑物产生影响，从而确定最佳方案，方案要本着节约用地、减少自然资源浪费为前提，进而达到降低开发成本的目的，尽量可以保护周围环境不受到破坏，施工过程中要严格遵循设计方案，方案要有细化、针对性的措施。

建筑规划要重视功能区域的选择，根据现有的景观条件，对功能区进行详细划分，合理规划，让绿色建筑更加安全、绿色、节能、环保，根据绿色建筑的规模和地理位置，注重与周围环境的协调和配合，达到把握整体建筑特征的要求，设置合适的建筑间距，满足建筑采光、防火的要求。

建筑设计时要尽量多地采用可循环利用的资源，材料对环境不会产生污染，不损害周围环境，采用绿色可再生能源。绿色建筑在设计的时候要加大对可再生资源的利用，减少建筑对传统能源依赖，传统能源不可再生，环境负担重，开发易损坏周围生态环境。建筑设计要加大对太阳能、水能、风能、生物质能等可再生能源的深层开发和使用，降低建筑能源利用时对周围环境方面的影响。

四、绿色建筑生态景观设计在实际中的应用

绿色建筑生态景观设计改变传统建筑功能简单，绿化景观设计简单的模式。生态景观设计使原来功能建筑和生态绿化景观进行了完美结合，二者成为一个综合体。使现代商业建筑、住宅小区结合独立庭院绿化、平台绿化、屋顶花园的中心庭院设计思想的建筑与生态景观结合的综合体。

绿色建筑景观设计要充分利用原生态环境资源。自然的生态景观和人力设计相比而言，有着很大的优势，最好的景观设计就是最大限度地保护了自然生态景观设计。建筑工程的场地尽量不采用人工造湖，不破坏自认水系为前提，保护湿地系统的生产平衡，对生态保护区友好相处，景观设计过程中建筑物的反光要达到不影响周围居民的要求，避免对其他生态环境产生光污染。

绿色建筑景观设计要与当地绿色植物相映，尽量不破坏现有植物环境，不打破生态平衡，采用因势而导模拟自然界的高山谷地景观。

绿色建筑景观设计的能源利用设计。建筑工程设计在阳光充足的地带，应适当增加绿色能源供能系统，降低项目对传统电力的依赖，将绿色能源规划和景观设计进行紧密结合。绿色建筑结合生态景观设计使建筑综合体更加节能，能源利用率高。根据当地气候和自然资源条件，项目适度使用绿色和可再生能源。例如：绿色建筑使用的太阳能发电系统，在建筑色彩设计中，应结合当地季节长短的特点，运用不同的色彩吸收太阳能，既可以将太阳能板与建筑房顶、墙面和景观外表面结合，又可以起到装饰建筑和景观的作用，这样建筑发挥了发电作用，一些建筑的太阳能发电量甚至超过了建筑用电量。

绿色建筑的水利用与景观设计结合。传统建筑为了最大限度地利用土地，地面硬化面积大，热岛效应明显，还造成雨水系统的压力，对城市污水管网构成一定的冲击。而通过景观设计可以一定程度上降低建筑对传统水源的依赖，景观设计以其独有的海绵生态系统，对初期雨水进行了有效回收，建筑工程采用合适的高度差达到了路面周围植被对雨水的蓄容，雨水收集系统把蓄水池和景观水池进行相连，在下大雨时，可以达到对雨水调蓄的能力，大大减轻了排水的压力，不仅达到了回收雨水的目的，还可以在干旱时对景观进行回用灌溉，节约了水源，避免了雨水和污水的混合。

绿色建筑景观设计地面采用透水砖设计，绿化地面和镂空植草砖、室外停车位以及部分道路采用由透水面层、找平层和透水垫层组成透水材质；地库顶面景观设置雨水排水设施；除地库外其他土层要采用非黏土，增加土地储水量，透水地面面积一般占项目室外地面积的 60% 以上。

绿色建筑景观根据收集的初期雨水，将这些雨水重复利用，采取高效节水灌溉方

式。景观灌溉系统采用喷灌与微灌相结合的自动控制系统。选用压力补偿滴灌系统，防止倒吸。对草坪和花卉类用旋转型微喷喷头，并依据用水量选不同喷头。各种不同样式喷头的选择不仅满足了绿化灌溉的需要，而且起到了完善生态景观的作用。

绿色建筑隔热景观设计的应用。绿色建筑隔热设计可以采用屋顶绿化、垂直绿化的方式进行，夏季，绿色植物在建筑屋内，可以达到降尘缓冲的作用，还可以自然采光遮阳，减少玻璃温室效应的影响，可以在室内多层次引入绿色植物系统，绿色植物因其具备生物智能技术，温度和湿度可以控制在合理的范围内，进而发挥了建筑物内实现了完美的生态效益。另一个方面就是采用隔热储温的实体保温材料，提高了建筑外维护结构的柔性、保温性和施工的便捷性。室内采用绿色植物作为室内隔热系统，可以让人赏心悦目地处于其中，给人一种舒适的惬意感。

绿色建筑生态景观设计反映了人们一种新的美学观和价值观，是人们对于建筑的全新要求；它是让自然参与设计一种理性的融合；是人们重新感知、体验和关怀自然的过程。景观对于绿色建筑的影响和设计，决定了建筑工程未来的发展方向。发展绿色建筑以及相关的景观设计任重而道远，人们要以人与自然协调共处为目标，克服困难，寻找适合人类居住的绿色建筑环境。

第二节 建筑景观设计艺术

设计艺术在于给身边的事务赋予美的变化，使它变得独特，不再单一空洞，而是有更多的层次效果，贴近自然展现出来的艺术。本节主要以三个方面进行阐述：建筑的设计艺术，景观的设计艺术，以及建筑与景观的关系。

设计师首先是工程师，设计师会将大自然的巧夺天工通过自己的方式给人们直观的感受，艺术是有生命力的，尊重生命的多种形式，像启蒙家黑格尔。艺术就是不断通过学习找出属于自己的最佳经营方法。建筑也同样如此，应该是一个独特的存在，独特的价值，就会有生命力。

一、建筑的设计艺术

建筑大师扎哈哈迪德的广州大剧院，她的建筑塑造得比较大气，空间宽阔，善于应用曲线融入建筑中去，被称为建筑女魔头的她设计的建筑独特而有魅力。

在国内，有着地域代表性的建筑能标志整个城市的特点，如世界华人建筑师贝聿铭苏州博物馆的设计，融入苏州南方的地域特色，结合苏州山水园林且十分"优雅"的表现了出来，舒服自然。北方的故宫建筑，就比较庄严对称，宫廷建筑显得更加肃穆，充满着仪式感。南北建筑的差异明显的对比，建筑的设计艺术是无限的，多样的，有个性的，如果千篇一律，那就没有味道了。需要创新区引领未来的设计，让建筑活起来，走到一个地方有着不同的风格建筑，这样的设计才是有灵性的设计。

文化是这个时代的前提，有文化的艺术设计更能打动人的心灵。设计艺术打动了自己才能打动别人，建筑亦是如此，它是一种将想法实现的空间艺术，需要考虑人文环境、地域环境，甚至审美性，需要不断地探索和发现美，艺术不等同于美，艺术的个性使得建筑本身具有独特性。

二、景观的设计艺术

景观设计的绿化、水景、生态廊道、植物等这些都是艺术的塑造，将每一个景物融合在一起的环境艺术设计。国内感触颇深的就是俞孔坚教授提出的"海绵城市"，一套雨水季节的吸水、蓄水、渗水、净水的水循环景观生态河道。通过全面发展自然生态功能和人工干预功能，有效控制雨水径流，实现自然积蓄、自然入渗、自然净化生态河道方式。有利于修复河道水生态、涵养水资源，在汛期实现防洪，排涝的功能。大量运用低维护的乡草植被、水草、野花等自然式驳岸营造良好的高生态景观。采取"渗流、滞流、蓄水、净化、利用、排水"等工程措施控制河流径流。

在材料上应用新兴的透水铺装，让雨的结构通过当地的渗透，以控制地表径流、雨水收集等目的。透水砖的新兴材料的应用，很好地改善了生态环境，景观设计大师俞孔坚教授设计的稻田校园，设计眼光放长远看，不仅让学生与校园联系在一起，还和生活联系在一起，"谁知盘中餐，粒粒皆辛苦"让学生体会生活的多样性，这样人性化的设计，体现的"生存的艺术"，让学生在稻田里学习读书，不失为一种艺术，这就是独特的艺术，所以他成功了，景观的元素很多，关键看怎么应用得恰到好处。

景观设计大师俞孔坚教授设计的上海世博后滩公园，会"呼吸"的公园，种植了各色农作物，每个时节都可以采摘，发展了旅游业的同时，也改善了环境景观，将公园设计得舒适自然，更贴近生活。

三、建筑与景观的关系

建筑设计和景观设计是相辅相成，融合一起的，建筑离不开景观，景观也同样离不开建筑，设计是相通的，发挥着形式与功能的作用，景观设计不是一幅施工图那么简单，它需要发现这形势与功能的变化，如屋顶花园，全流程跟踪，一点点积累的数据，都是在不断变化着的，我们需要遵循它的变化，达到较高精确度。

建筑设计和景观设计的完成不是靠一个人的力量，关键在于整个团队的力量，成功不是一个人的成功，而是整个团队的成功。对于整个项目而言，每个人都发挥的重要性，缺一不可，整个环节需要所有人齐心协力的配合，这样才是最好的状态体现。设计流程包括研究、实验、决定和实施，开始一个项目之前，需要做好前期工作，调研准备，前期工作做得好，有利于后面的实施，每个步骤都是相当重要的，项目的表达也要有着一定的广度和深度。有一点极其重要就是细节，建筑与景观的设计都需要细节，细节做到位了，才会精致，才会成为艺术品，给人美的享受。而这个细节是很多的，铺装、台阶、墙体，甚至是植物、水景，目光所及处，都可以做到细节极致。也许不需要过度的复杂，未必是一种正确的打开方式，可能简单点，该有的都有，植物或者墙体做得更精致些，会更适宜居住。

综上所述，建筑设计和景观设计是密不可分的，是一个有机统一体。人们会更多地考虑人性化的设计，以弱势群体为标准，设计一些公共设施。关注妇女儿童和老人，以及残疾人士，为他们设计更多适合的设施建筑，人性化的景观设计和建筑设计是温暖的，也让世界变得温暖。

第三节　儒家文化思想与中国建筑景观

基于中国建筑景观设计，围绕儒家文化，从设计过程中的文化表现、儒家礼乐布局、儒家比德、比兴文化以及儒家美学思想四个角度对儒家文化为现代建筑景观设计带来的影响、意义进行深入分析，得出建筑景观设计发展离不开儒家文化支持的结论。

建筑是固态形式的艺术，对于建筑景观设计而言，建筑的自身功能并不全是唯一的属性，在某种情况下，建筑的文化属性要比其实用性更加重要。纵观中国建筑的景观设计历程，儒家文化始终占据着绝对地位，产生了十分深远的影响。如今，城市建设步伐加快，现代化水平逐渐提高，它所提倡的"节能环保、环境保护"理念与儒家文化提出的"天人合一"保持高度的一致，基于儒家文化的景观设计必然会返璞归真，所以对建筑景观设计中的儒家文化理念进行深入研究是具有重要现实意义的。

一、中国建筑景观设计过程中的儒家文化表现

儒家文化蕴含着丰富的内容，是我国古代文化发展的重要组成部分，儒家文化的基本精神可归纳为以下几个方面：刚健、爱国、救世、民本、人道、群体以及创造。儒家文化囊括的所有文化在景观设计中均有所体现，具有一定指导作用。同时，儒家文化经久不衰，建筑景观设计能以固定的形式使这一文化发扬光大，由此可见，儒家文化与建筑设计是息息相关的，二者存在十分紧密的联系。

就目前来看，通过多年的发展，建筑景观设计时至今日已演变成一门综合性的学

科，其基本知识渗透主要包括艺术形式、景观效益、人文、史实、心理、地域以及科技等。在景观设计这一独特表现形式的不断发展进程中，儒家文化的具体应用还需做到持续更新。因此，建筑景观设计现在面临的主要问题是儒家文化转换。

这一现实问题在许多建筑中都已得到了有效的解决，例如世博会中国馆，建筑自身所能表现出的内涵较为直接，给人以耐人寻味之感，使得偌大的中国馆好似由积木搭建形成，从直观上看，其可以很好地表现出"斗拱"这一理念。然而，中国馆主要想表达的却是和谐观念，此观念不仅象征国家文化，还是民族精神进一步升华的结果。"和天下"可谓中国馆设计中儒家文化的高度呈现，表现出了浓厚的民族自信心，其文化内涵十分丰富、深入。

除此之外，中国馆所蕴含的最主要的意义还是良好地融合了儒家文化，并且也没有舍弃实际需求，在中国馆中运用的先进科技比比皆是。比如，中国馆门窗使用新型LOM-E玻璃，这种材质的玻璃不仅可以反射热量，减少能源消耗，还能将其自身吸收到的能源转换成照明供能，建筑顶端还设有雨水收集装置，可在满足防水需求的基础上，实现综合利用目标。儒家文化与现代技术的完美融合，可以使建筑景观上升至更高的层次。

二、儒家礼乐布局与建筑景观设计

我国传统文化中的儒家文化以"中庸"为主，儒家文化提出的思想在很大程度上影响了建筑的景观设计，使得设计手法、方式都出现了一定的改变。中庸思想的具体影响主要体现为礼乐，其在儒家文化当中是一种十分重要的社会规范。礼乐中的"礼"是指尊卑有序，是对社会基本制度提出的绝对强调，致力于确保社会井然有序，推进国家繁荣发展。"礼"对于建筑设计的主要影响，在官方建筑中较为明显，北京故宫即为一个典型。从故宫的整体设计中看，每一处都表现出"礼"方面的痕迹，其中，所有正殿均对称分布于中心线之上，且都通过人工进行增高，在很大程度上表现出了封建帝国的中央集权，象征尊卑有序。

"乐"并不是指人们熟知的"音乐"，而是一种自由理想，与"礼"相辅相成，如果将"礼"作为等级制度的深化，则"乐"就是对于自由与隐逸的无上追求，从建筑景观设计角度讲，"乐"提倡的是静怡与规避。这点在园林景观中体现得较为明显，比如苏州园林的个园，由于个园为清朝盐商建立，所以它并未受到封建帝王气息的影响，着重体现"乐"的形式，园林景观中关于"乐"的组成部分有许多，如"春山""冬山"以及"桂花厅"等，它们可以很好地与园林自然环境相协调，满足了因地制宜方面的需求，从分布位置方面看，并没有强行的规定和限制，分布随意，这不仅是对于大自然的尊重，更是对自由与隐逸的无上追求。

三、儒家比德、比兴文化与建筑景观设计

在以往的文化内涵当中，比德、比兴十分重要。其中，比德主要指的是基于诗歌文化的设计产物，通过植物、事物等表现出主人的真实情感，比如众所周知的四君子、岁寒三友等。从客观角度分析，比德更像是对于自然的审美观念，强调以主观为核心，对自然活动进行分析，同时将"品行""道德"作为审美标准，并在设计中使用具有较高"品行""道德"的植物，以此表现主人独特的审美高度和艺术追求。因此，儒家理念的景观设计注重选取具有深厚内涵的植物，实际情况中较为常见的有松、竹、梅等。

广义上讲，比兴和比德十分类似，同样都是通过植物、事物等表现出主人的真实情感，但比兴更加重视情感倾向，具体表现内涵也更加偏向于实用，比如在园林景观中设置石榴树，代表主人向往多子多福；在园林景观中设置紫荆，代表主人向往兄弟和睦等。如果说比德代表诗人阶级，而比兴在平民阶层更受重视，因为其情感表达更加直接、实用。

四、儒家美学思想与建筑景观设计

和谐之美。儒家文化的核心思想为"天人合一"，认为大自然和人类必须和谐共处，既不是自然决定所有的"天命论"，也不是人类改变自然的"人本论"。在建筑设计的漫长岁月里，儒家文化发挥着至关重要的指导作用。然而随着社会的高速发展，人们逐渐忽视了儒家文化的重要作用和意义，使得自然环境屡屡遭受重创。因此，建筑景观设计离不开儒家文化的鼎力支持，必须始终贯彻"天人合一"这一指导思想，以此从根本上推动人与环境和谐发展。和谐之美主要体现在如下几方面：

顺应自然。景观布局和设计必须与自然地形、现有绿化相顺应，在尊重自然环境的前提下开展景观设计工作。

师法自然。尽可能模仿自然，在人为设计、构建过程中，效仿基于自然的景观布局和形式，使景观可以与自然无限接近，消除隔阂之感。

因势利导。建筑景观设计实质上是自然环境的深层修饰，在具体实施过程中应充分运用自然特征，善于用景、借景，确保人为因素可以和自然良好融合。

对称之美。"中庸"是儒家文化的重要组成，该思想在景观设计中的具体体现主要是"尚中"，即为"对称"。如今，很多城市、民居的规划建设均强调布局的有序性。传统的对称文化现已上升为至关重要的设计文化，在实际的景观设计中有着广泛的应用，未来的一切设计活动也会始终遵循这一理念，结合当代需求，适当融入先进理念，以此创造优质设计作品，弘扬我国传统文化内涵。

儒家文化是中国传统文化的典型，其会对社会的多个层面造成影响，特别是建筑

景观设计，在注重"节能减排、环境保护"的趋势中，儒家文化的意义和作用逐渐凸显。因此，在实际的设计工作中，应根据现实需求，在充分利用儒家文化的基础上，对其进行适当的优化改进，从而发挥出儒家文化所具有的重要意义和作用。

第四节　立体绿化与城市建筑景观设计

在进行城市的建设与管理时，建筑景观设计贯穿于全过程。而立体绿化在城市建筑的景观设计中的进一步深入应用，不仅提高了城市建设的绿化程度，也使相关的建设过程得到了进一步的细化与具体化。本节通过对立体化的含义与应用形式进行说明，对立体绿化在城市建筑景观设计应用中的必要性进行了分析，对推进立体绿化在城市景观设计中的应用提出了建议。

随着城市化进程的加快，城市人口的数量也在增加，这为城市的建设带来了更加严峻的考验与压力。尽管建筑的密度与层次，在一定程度上，有效地缓解了由人口所带来的各方面压力。但城市的绿化发展却存在一定的滞后，并对城市生态的环境产生严重的不良影响。因此，为提升城市的绿化率、有效保持城市内的生态平衡，使立体绿化在城市建筑设计中得到更为充分的应用。

一、浅析立体绿化的含义与应用形式

立体绿化的含义。立体绿化，也可以称为垂直绿化，通过攀缘植物在建筑物的立面或顶面进行绿化、美化；其具体的施工方式主要有固定、攀附、垂吊等。立体绿化具有增加湿度、降温、降噪，以及除菌等作用；它可以对城市的热岛效应进行有效的改善，使城市的生态环境得到有提升。立体绿化不但可以对城市绿化的不足，进行有效的弥补，使绿化的层次得到进一步的丰富；同时，加强了城市建设的美观效果，实现城市建设与环境的和谐与统一。

立体绿化的主要应用形式：

墙面绿化。墙面绿化是指在建筑物的各种围墙表面，利用铺贴或攀附的形式进行植被布置，从而进行立体绿化；它具有占地面积小、绿化面积大的特点。在进行实际的墙面绿化时，应以墙面的材质与颜色为参考依据，对应用的植物进行合理选择。比如，在表面粗糙的墙面，可以选取攀爬类植物进行绿化；而针对比较光滑的墙面。则应选用吸附性较强的植物进行绿化。

屋顶绿化。在进行屋顶绿化时，为增加绿化的美观性，应采取绿色植物与花卉相结合的形式进行绿化；使建筑物的生态性与美观性得到更进一步的体现。当前，屋顶绿化这一立体绿化形式，在城市景观设计中具有极为广泛的应用，它使建筑物与植物融为一体，使生态平衡得到有效的保障。

　　阳台绿化。阳台在建筑物中具有极为重要的作用，它可以有效地对建筑的室内与室外进行连接也可以供人们进行休息与休闲。因此，对阳台进行有效的绿化是极为重要的，这不仅使建筑的观赏性得到有效的提升，也使建筑的生态环境得到有效的改善。阳台绿化有效地体现了立体绿化的整体性与全面性。需要注意的是：首先，由于阳台面积的有限性，因此在对绿化植物进行选择时，应选择一些生命力较强的中小型植物，比如一些浅根性的植物或中小型的花木等。其次，在对阳台进行布置时，应充分考虑植物的生长状况与阳台的美观性，注重植物与阳台整体搭配，使立体绿化得到充分的发挥。

二、立体绿化在城市建筑景观设计中应用的必要性

　　有助于推进城市的绿化建设。随着城市化的迅速推进，使各项城市建设、基建工程等被全面推进。而城市建设的进一步推进，会对城市的绿化产生一定的影响，可能会使城市的生态环境降低。立体绿化这一新型建设，则可以对城市用地紧张、绿化程度低等问题，进行有效的解决；从而有效推进城市的绿化建设。

　　有助于维持城市的生态平衡。城市绿地面积的缩减，不仅导致城市绿化率降低，也对城市的生态环境产生一定消极的影响。为有效维护城市生态的平衡，使城市居民获得最佳居住环境，需要进行更为深入、全面的城市绿化建设。而立体绿化可以有效对绿化面积进行扩展，从而扩大城市的绿化覆盖面，进而有助于城市生态平衡的保持。

三、推进立体绿化在城市景观设计中应用的建议

　　加强立体绿化应用的合理性与科学性。首先，在进行立体绿化时，应对建筑的结构进行充分的了解；对植物的搭配进行科学、合理的搭配；使立体绿化的要素与环境可以进行更为充分的融合，进而在实现生态效益的同时，使立体绿化的美观性得到提升。在进行立体绿化设计时，要充分考虑光照、热量等植物的生长条件，打造出适宜植物景观的生态环与生态链，为植物创建更为适宜的生长环境。

　　其次，要对立体绿化的植物种类进行丰富。对植物资源进行充分的挖掘，营造出良好的绿色植物景观效果，如常春藤、勿忘我、紫罗兰等植物，可以进行立体绿化的栽植，以打造更具特色的绿化景观。

　　然后，在进行立体绿化时，要与先进的技术进行有效的结合。将先进的技术、工艺，以及材料，有效融入立体绿化建设；对相关的植物种植、养护等技术进行构建与完善。现阶段，可以有效地利用网络信息技术，实现对植物的自动灌溉，进而可以使相关的成本得到有效的控制，进而使植物的管理压力得到进一步缓解，促使绿化的工作效率

得到进一步提高。

此外，要加强对绿色植物的养护管理。对植物的生长环境进行改善，并对土壤的结构进行适当的调整；同时，在墙面铺盖农用塑料网等材料，使墙面的粗糙度得到进一步增加，使其更适合植物攀爬。在对植物进行管理时，应注重加水肥的管理，增设植物滴灌系统；在保持植物水分充足的同时，使墙面保持一定的湿度，便于植物的攀爬。

在进行植物配置时，应注重显现地方特色。由于城市的规模都各不相同，其经济的发展程度也不一致；且各个城市所处的自然条件、资源，以及相关的地域文化也存在着较大的差异。因此，在进行城市立体绿化时，应因地制宜，有效地与当地的自然、人文资源等，进行有效的结合，并进一步融入当地的文化特色，展现域文化；这样才可以提升立体绿化的有效性与实用性。在对绿化植物进行选取与配置时，应充分考虑当地的自然与土壤环境，最好以本地的植物为主；这样不仅可以使生态效益得到提升，还可以进一步显现地方的特色。

做好立体绿化应用的宣传与培训工作。首先，应提升城市绿化工作人员的专业技能与素养能力。提升相关机构与人员对城市绿化的认识；加强城市建筑设计与工作人员的对先进专业理念与知识的学习，提升其对先进绿化技术的有效应用。其次，加强对城市绿化与立体绿化建设的认识，提高大众对保持城市生态平衡的重要性的认知。相关单位以及部门，要对相关的知识与内容进行大力的宣传与推广，是全民参与绿化的积极性得到进一步提升；同时，建立全民的绿化意识。借此，使城市绿化等相关工作得到顺利的推广。

立体绿化是一种现代化的建筑设计理念。它使绿色植物与建筑物可以进行更为有效的结合；在对人们的建筑景观需求得以满足的同时，也使城市绿化的需要得到充分的实现。现阶段，城市化与发展得十分迅速，这使城市绿化的压力越来越大。而为对相关问题进行有效的解决与缓解，使立体绿化在城市建设中得到了充分的运用；这不仅使人们对绿色景观的需求得以满足，还进一步地改善了城市的生态环境，扩大了城市绿化的覆盖面。

第五节　城市建筑景观设计中的环境艺术

城市建筑景观环境艺术设计是实现城市美化的重要途径，同时也是城市建筑景观所要达到的目标，其不仅要体现环境艺术设计的基本要求，还要体现当地环境特色、文化特色及背景，从而实现城市建设的可持续发展，基于此，通过阐述了城市建筑景观设计中的环境艺术设计原则，对城市建筑景观设计的环境艺术设计现状及其策略进行了探讨分析。

一、城市建筑景观设计中的环境艺术设计原则分析

局部与整体的统一原则。城市建筑景观设计不仅要体现建筑景观的功能与特性，还要能反映出整个环境的艺术效果。设计较为注重整体的统一，但细节部分也是不能忽视的。在设计的过程中，每个组成要素都是要纳入考虑的。要合理地对各个部分的特性进行考虑，这样才能将这些部分更好应用到整个景观的设计当中，从而实现部分与整体的自然统一；

与历史人文相结合的原则。我国地域辽阔，再加上不同的地区有各自不同的居住习惯，这就使得不同地区不同城市所产生的地理人文具有一定的差异，不同的人文差异对建筑景观的设计有着较为深刻的影响。在对建筑景观的环境艺术进行设计时，应充分考虑当地的文化特色和历史人文。设计出的景观要符合当地的特色，要赋予建筑景观一定的文化内涵，并承载一定的历史、人文精神这不仅提高了建筑景观的社会地位，而且也对人们的思想精神有一定的影响，这正是建筑景观设计的功能所在。

有形与无形结合的原则。景观环境艺术设计主要是对室外空间的设计，这里的空间有有形与无形之分。有形空间的构成要素有颜色、形状、效果等，主要的表现为整个环境的和谐统一；而无形的空间则主要是指整个空间所带给人们的舒适、自然、和谐、统一的感受，以及带给人们精神上的满足。有形的空间艺术与无形的空间艺术带给人们的感受，以及其所产生的社会效果都是不可估量的，对环境艺术空间进行设计时，应充分考虑有形空间与无形空间的特点。将两种空间的设计理念进行有机地结合，进而设计出完美的景观环境。

二、城市建筑景观设计的环境艺术设计现状分析

当前对城市建筑景观设计只考虑建筑的规划设计，待建筑完工之后，然后在空闲的地方建设花园、水池、草坪等，而实际的景观设计不只是这么简单，一个完整的建筑景观设计必须综合考虑环境设计，也就是说要在环境设计的基础上对整个建筑景观进行规划设计。在建筑景观的整个设计过程中，整个项目开展需要以环境设计来指导完成。城市建筑景观设计的现状主要表现为：1）绿化树种的选择品种单一，不符合植物生长的规律。需要绿化的工程，在选择绿化树体时，主要选择法国梧桐、香樟，且有些城市为了体现环境艺术效果，片面引用已经长成老树的大树，这种过度单一的设计类型不符合植物物种群落的竞争和依存关系，其单一种类的设计往往导致出现生长不良或容易引起虫害高发等问题。2）过度绿化，华而不实。很多城市建筑工程项目都在重视绿化的作用，但出现了在进行景观设计时，过度进行花坛草坪的设置和使用的现象，这种现象不仅不符合环境艺术美观的原则，降低了环境的艺术效果，呈现出华

而不实的特点，同时造成了相当大的浪费，提高了绿化成本。3）物种选择倾向外地化，缺乏本地环境特色。一些城市建筑景观设计，盲目引进外来品种，单纯追求环境艺术效果，很多建筑景观设计人员并不熟悉植物的特点，盲目引进，在环境艺术设计中，很少考虑使用本地植物，因此形成的城市形象缺乏本地特色和个性，使得环境艺术设计脱离了实际的本市生活的真实性，同时也背离了其原本含义。环境艺术并不是简单的组装艺术，而是在本地环境基础上的美化和升华，为满足当地人的环境需求而设计的。

三、城市建筑景观设计中的环境艺术设计策略

城市建筑景观设计中的环境艺术设计策略主要体现在：综合考虑城市设计等相关因素。城市景观设计并不是单纯的一项工程，不是单个项目、单个社区内环境的简单组合，而应该和整个城市的设计、景观相结合，和周边的环境相融合，包括与景观、建筑之间的关系，甚至还需要将城市的市政建设也考虑在内，将城市总体设计综合考虑，相互结合，从而实现城市整体设计的统一、协调，体现环境艺术的特性。合理搭配相关物种。城市建筑景观设计必须反映环境艺术效果，并反映其稳定和丰富性能，体现环境的均衡性。在进行城市建筑景观设计时，在物种选择上要合理，增加物种组合，以实现建筑景观的稳定性、自然发展性及和谐性，使得景观不仅能够体现地域特点，还能够体现文化色彩的多样性及环境艺术的多样性。充分应用地方资源，体现地方特色。体现地方特色是目前城市建筑景观设计中很容易忽略的问题。其要求就是保留当地的环境特色，体现当地的文化特点，尽可能选用当地的资源进行设计。对所使用的材料尽可能进行创作、加工，减少材料的运输消耗和废弃物的产生。这种方法还可以实现当地资源利用的最大化，同时降低成本，体现地方特色。

综上所述，城市建筑景观设计中的环境艺术设计不仅需要各方面知识文化背景，还要求相关人员充分认识城市文化内涵及其发展。在设计过程中不仅要将当地的历史人文特色巧妙地展现出来，还要充分考虑建筑景观与自然的和谐统一，同时要保证建筑景观的艺术特性，还应重视其对环境及社会的影响。只有综合考虑各个因素，才能实现城市建筑景观与环境的高度统一。

第六节　水利工程中的建筑景观设计

在水利工程施工中，建筑景观的建设受到广泛关注与重视，相关部门在对其进行设计的过程中，应当根据当前实际工作要求，制定完善的景观设计方案，以便提升水利工程建筑施景观设计工作水平，满足当前的审美要求与环境保护需求。

在水利工程建筑景观设计工作中，要保证其整体和谐性，合理选择景观的类型，保证可以提升水利工程中，建筑景观的建设水平，满足水利工程的建设需求，对各类内容进行合理的改善。

一、水利工程建筑景观设计原则分析

在实际设计工作中，设计者应当遵循先进的设计原则，保证整体景观的和谐性，突出重点内容，提升景观类型选择工作效果。具体原则为以下几点：

第一，和谐性原则。在水利建设工作中，应当保证建筑景观的和谐性，对形体元素、材料元素与颜色元素等进行合理的掌控，避免受到景观元素的影响出现不和谐的问题。设计者在实际设计期间，还要将各类元素汇集在一起，保证从整体的和谐发展角度出发考虑各类问题，在主次分明相互协调的情况下，提升建筑景观设计工作可靠性与有效性。

第二，突出相关重点内容。在建筑景观设计的过程中，需要突出重点内容，强调整体性的发展，在简化设计的情况下，突出重点内容，将机械设备作为主要的结构，将附属设备作为辅助的结构，在外形与颜色区别的情况下，科学添加各类装饰与陪衬的物品，以便于提升整体的协调性，突出重点内容，建立现代化的设计机制，提升工作效果。

第三，重点选择设计类型。在实际设计工作中，要合理选择设计类型，制定完善的分析机制，明确设计外形，在此期间，不仅要保证设计优美性，还要节省施工建设原材料，突出重点工程建设内容，提升水利工程建筑景观设计效果。

第四，遵循以人为本原则。在设计工作中，要遵循以人为本的工作原则，树立正确观念，在全面分析自然环境的情况下，制定完善的规划决策方案，全面考虑人们的需求。对于周边环境而言，其对于人们的心理与行为等都会产生直接影响，因此，设计者要结合大局建设要求与人们的需求等，合理选择新技术与工艺材料，发挥现代化技术方式的积极作用。

二、水利工程建筑景观设计重要性分析

在我国经济发展的过程中，人们的生活水平逐渐提升，欣赏能力也开始增强，水利旅游成为重点关注的内容。水利旅游行业是社会发展的进步产物，对于建筑景观的设计具有严格要求，为了更好地对行业进行开发，国家开始将水利工程与景观设计工作联系在一起，能够达到利国利民的发展目的，带动各个部门更加协调。在此期间，可以带动部分专业人才就业，建设相关旅游经典，更好地对旅游行业的收入等进行分析，协调各类工作之间的关系，以便于明确景观设计要求，提升工作可靠性与有效性。

在水利工程建筑景观中,可以更好地体现国家政治元素与文化内涵,能够凸显国民生活水平,具有一定的历史意义。

第一,水利工程建筑景观设计工作,不仅可以发挥水利工程的灌溉功能与发电供水功能,还能体现其旅游行业的发展优势,能够促进社会的可持续发展与建设。在近几年水利工程发展的过程中,已经开始出现生态化建设方面的问题,受到污染问题的影响,不能保证其长远发展与进步。然而,在建筑景观设计之后,可以针对污染问题进行全面的分析与应对,逐渐提升规划设计工作水平。

第二,水利工程建筑景观设计工作,有利于解决城市问题,协调水利建筑与生态环境之间的关系,在平衡发展的情况下,更好地开展河道景观规划设计工作,形成多学科交叉的发展机制,不仅可以提升国家与社会经济效益,还能减少负面影响,促进核心体系的建设,减少生态环境问题。

第三,在水利工程建筑景观设计工作中,相关部门能够合理开展河道整治等工作,建设现代化的城市绿化发展机制,通过合理的规划,提升自身工作效果。

三、水利工程建筑景观设计措施

在水利工程实际发展的过程中,相关部门应当重视建筑景观的规划设计工作,根据其实际发展特点,明确规划建设标准,加大管理工作力度,以便完成景观规划等工作任务,建立多元化的发展平台,满足当前实际工作需求。

(1)水环境的设计构思。水利工程建筑景观设计部门在规划设计中,需要重点关注视觉效果,对水环境进行合理的分析与设计,形成城乡一体化的绿化系统,以便于提升整体结构的建设水平。在水利工程设计工作中,还要制定完善的生态设计方案,合理使用草地植被,在保护生态系统的基础上,为生物营造良好的生存环境,在一定程度上,能够达到良好的规划设计目的。

(2)艺术应用思路。水利工程建筑景观设计工作涉及的学科知识较为广泛,例如:园林绿化学科知识、给排水学科知识等,因此,在实际设计工作中,需要聘用不同专业优秀人才相互配合,更好地对其进行规划与设计。在我国社会不断发展的过程中,人们对工程使用效果与视觉效果等较为关注,因此,设计部门要结合当前的实际工作要求与未来发展趋势,对物质与精神文明等要求进行分析,提升统筹规划设计工作合理性与科学性,建设现代化技术水平的景观设计方案,营造良好的发展环境。

(3)建筑材料的应用措施。对于水利工程建筑景观而言,建筑材料会直接影响其感官,且水利工程暴露在室外,经常会受到雨水与其他自然环境的影响,出现结构腐蚀的现象。因此,在选材的过程中,不仅要保证其外观美感,还要提升材料的抗风与抗沙性能,增强其抗腐蚀能力。同时,在选择材料期间,应当保证颜色为白色或是蓝色,使得材料的颜色与水利工程环境相互适应，以便于提升工程的建设水平。

（4）总平面设计措施。在总平面设计工作中，需要根据水利工程建筑物与其他配套设施的应用要求，制订完善的设计方案，以便于提升规划设计的合理性与科学性，对各类区域进行全面的布局，在明确区域功能的情况下，提升交通便利性与可靠性。同时，对于建筑物之间，要保证其关联性，为人们营造良好的休息区域，在此期间，还要根据区域的生态问题等，对环境格局进行处理，在明确特色景观内容的基础上，建立现代化水利工程建设系统，凸显当地的特色结构。

（5）造型设计措施。在水利工程建筑景观造型设计的过程中，应当明确整体风格与特点，对工程建设手法进行明确，提升造型管理工作效果，重点突出建筑结构中的文化内涵，对于不同造型与风格的建筑物而言，应当协调设计方式，凸显整体建筑的规划要求，保证设计工作效果。在设计工作中，还要重视当地历史文化的展现，满足游客的精神需求，凸显历史意义，保证在水利工程建设期间，提升建筑景观设计工作水平，优化其发展机制。

在水利工程建设期间，建筑景观设计工作较为重要，有利于促进水利旅游行业的良好发展，建立现代化的生态保护系统。因此，设计者在实际工作中，要对各类内容进行积极探讨，掌握专业设计手法，提升自身工作效果。

第七节　城市建筑景观设计中的漏洞与对策

在现代化都市社会的发展下，建筑与景观的发展空间也得到了有效的拓展，建筑景观不再是单一的对自然的模拟，而是成为与城市建筑相辅相成的一个部分，但是，就目前来看，城市建筑景观规划设计中还存在着一系列的问题。本节主要对其中的问题与对策进行分析。

随着城镇化的不断发展与进步，城市建筑越来越多样化，开始受到社会各界的关注与重视，要想创建新型综合城市，需要不断提升城市建筑景观规划的设计质量，创新性的解决设计过程中出现的新问题。

一、城市建筑景观规划设计中的常见问题

第一，城市建筑景观规划设计的可操作性不强，有待提高。城市建筑景观规划设计要有理想的作用，必须达到规划与实践的有机结合，根据实际情况进行完美的规划与设计，就算是再完美的设计理念，如果应用不到实际操作中，也是一纸空文。可操作性的问题主要表现在几个方面：首先，规划设计不科学。不科学的规划设计容易造

成与实际情况相脱节的问题。就目前来看，很多设计人员未充分考虑具体的环境，不能切实做到因地制宜，没有进行整体规划，只是局部设计，这是目前很多城市建筑景观规划设计工作中的一个通病；其次，规划不完整。不完整的规划无法对建筑的实际操作提供有效指导。在城市建筑景观规划设计工作中，需要关注到各种建设要素的配置问题，但是关于这一问题现阶段还存在不足；最后，规划设计不具体。目前很多规划设计都比较粗放、空洞，这样的规划设计与实践不统一，在实际建设中很难把握具体的方向。

第二，城市建筑景观规划设计在自然因素和人文因素的相结合上考虑不足，造成环境的破坏和资源的浪费。此外，还有部分设计人员在开展城市景观的规划设计问题时，没有充分考虑到生态环境，破坏了土地、植被与树木。还有一些表现是没有对城市社会人文环境进行相应的保护，比如说盲目推倒象征城市发展历史的老房子，老街道，建立起现代化的高楼大厦，这些方法都是不可取的。

第三，城市建筑景观规划设计方面缺少专业人才。目前好多建筑千篇一律，没有特色，或者根本不适合当地环境。究其原因，就在于设计人员不具备相关专业知识。

二、城市建筑景观规划设计的几点发展策略

面对城市建筑景观规划设计中存在的种种问题，我们必须高度重视，制定出切实有效的解决措施，提升建筑设计工作的和谐性。具体可以采取如下的措施：

重视宏观设计，讲究细节布局。对于城市建筑景观规划设计，我们要在宏观上有总图设计，同时在具体细节上还应该明确、具体，考虑到每一个要素，每一个可能的不确定因素，每一座建筑的采光，每一条道路的设置，每一片植物的搭配，每一方土的填挖量，每一个排水系统的排水情况等等。只有这样，才能建成与自然环境相和谐的城市建筑。

坚持"以人为本"，充分利用自然资源。以人为本不仅是国家的大政方针政策，同时还适用于各个领域，建筑领域也不例外。不管建筑景观怎样设计、如何处理，其核心是不变的，就是要体现对居住者的关心，为人们的日常生活、工作提供便利。同时还要考虑到建筑旁边的桌子、凳子、路灯、庭院、绿化、超市、医院、学校公园等配套设施的建设，充分做到以人为本。

保护环境，节约能源。自然环境、自然资源是大自然赋予人们的宝贵财富，所以我们在进行城市建筑景观规划设计时既要充分尊重大自然，保护自然资源，又要充分利用自然条件创设宜居环境。同时还要保护好土地和植物，创设舒适田园生活，利用现有条件，形成当代特色建筑。

提高设计师的专业素质。加强对设计人员的培养，提高他们本专业素质和相关专

业的知识水平。城市建筑景观规划设计师需要有扎实的专业知识，还应当对相关的美学、园林、生态学等有一定程度的了解。在设计过程中，通过结合各相关专业，设计出最符合人类居住的环境。所以，设计师在城市建筑景观规划设计领域起着至关重要的作用，要不断提高自身素质。作为设计师，需要充分营造出有利于建筑景观发展的氛围，将不利于建筑设计的各类因素剔除，为此，需要加强学习，不断提升自身的综合素质水平与责任意识。此外，城市中的建筑与景观往往要面对许多制约，包括场地的限制、经济的限制，在设计过程中，采用建筑的思维方式可以解决很多限制性问题，比如城市中的夹缝地带，无法实现模式化的城市造景；或在不具备植物条件，或无法实现硬地，但又存在功能性的要求的空间中，可以借鉴建筑思维中分析研究的方法，选择最经济适用的原则，来解决景观设计中的限制性问题与复杂棘手的难题。

融入景观生态设计理念。城市景观设计是一个新型课题，是伴随工业化进程的发展而产生的，从新和谐工业村到田园城市，从生态城市到可持续城市，都可以看出人们对于自然生态景观的追求。作为设计人员，需要意识到这一问题的重要性，在设计工作中融入景观生态设计的理念，实现内部资源的再生，注重城市原有生态结构的保护，从景观生态和历史角度为出发点，应用新的材料、技术对原有空间进行改造。如，德国埃姆舍公园的设计中，设计人员充分利用了原有的工业采矿基地，将其改造为休闲娱乐场所，既延续了原有的历史价值，也节约了建筑资源，充分体现出城市景观建筑的艺术价值、文化价值、经济价值以及社会价值。

总的来说，建筑景观设计作为一门艺术，涉及众多学科，只有与其他学科完美结合起来，同时与自然环境和社会人文环境融合起来，才能发挥出其应有的作用，在实际建造过程中起到引领和把握方向的作用。当然，在城市建筑景观规划设计过程中难免会出现各种各样的问题，只要及时发现问题并有针对性地解决这些问题，相信一定能通过规划设计建造出符合人类生存的宜居环境，走好新型城镇化道路。

第八章　建筑工程施工的基本理论

第一节　建筑工程施工质量管控

建筑工程施工质量关系到建筑行业的发展水平，影响着相关产业的未来发展。目前，由于施工质量管控不到位造成的安全事故时有发生，显露出建筑工程施工质量管控中的一些问题，本节通过分析这些问题，并提出加强质量管控的可行办法，从而达到控制施工风险的目的，实现施工质量的有力管控，提高施工单位的工作质量，提升建筑项目的整体水平。

建筑工程施工质量管理是建筑工程施工三要素管理中重要的组成部分，质量管理工作不仅影响着工程的交付与正常使用，而且也对工程施工成本、进度产生着不容忽视的影响，为此，建筑工程施工管理工作者需要针对建筑工程施工质量管理中存在的问题，对相应优化策略做出探索。

一、建筑工程施工质量管控中的问题

（一）对建筑工程施工人员的管控不到位

施工人员的工作质量直接关系到建筑工程的质量。但目前在施工质量管控方面，施工人员的管理还有很多不足之处。首先，施工单位管理者缺乏质量管控意识，认为只要没有发生重大质量问题，就不必进行管理，对施工人员平时的工作疏于管理。其次，施工单位没有专门的质量管控部门，平时的质量管理主要是由企业中临时组建起来的管理小组负责，由于这些管理人员缺乏相应的权限和管理经验，在实际的管理工作中，监督不到位，问题处理方案不合理，导致施工人员的工作比较随意，埋下了隐患。

（二）对施工技术的管控不足

过硬的施工技术是保证工程施工质量达标的前提。但是目前，许多施工单位对施工技术的管控依旧不足。首先，施工单位任用的施工人员，有很多是雇用的临时工，企业为了节约施工成本，会雇佣那些缺乏专业能力的员工，这些施工人员的学历不高、综合素质也比较低，对于建筑施工方面的知识不了解，实际工作难以达到标准。其次，

由于施工单位在施工技术研发方面的投入较少，未能及时通过培训教育等方式提升施工人员的能力，也未能引进先进的施工设备，使得整个施工工程的技术含量较低，不仅影响了施工速度，施工质量也难以保证。

（三）施工环境的质量管控不到位

施工环境主要包括两个方面，一方面是技术环境，在进行建筑施工之前，施工单位未能充分勘测施工项目所处的地理环境，施工方案与地质情况不相符，影响了施工的质量，另外由于未能考虑到施工过程中气候、天气的变化，没有采取应对措施，也会造成施工质量出现问题。另一方面是作业环境，在施工过程中，施工人员可能需要高空作业、借助施工设备开展工作，由于保护措施不到位或者设备未经调试等原因，也有可能导致施工结果和预期存在偏差，使得工程项目的质量不达标。

（四）对工序工法的管控不力

建筑工程项目一般都比较复杂，涉及的施工环节比较多，工序工法关系着施工进程和质量。施工单位对于工序工法的管控不到位，也会导致质量问题。一是工序工法的设计不合理，设计人员在对施工现场进行勘察时，没有对所有施工要素进行全面、仔细的调查，其勘察结果存在偏差，影响了工序工法的设计。其次，没有专门对不合理工序工法进行纠正的标准，导致不合理的工序工法被应用到实际的施工过程中。最后，未能按照工序工法施工。施工人员在实际的施工过程中太过随意，任意改动施工计划，打乱了施工节奏，从而影响了施工质量。

（五）对分项工程的质量管控不足

建筑工程施工中，会将一个项目划分为多个分项工程，但施工企业在进行质量管控中，却未能针对这些分项进行细化的监督和管理，导致某些分项缺乏管理，存在质量问题，影响了整体的工程质量。另外，由于施工单位没有把握住分项工程中的质量管控核心，导致质量问题凸显出来，使得工程施工质量不合格。

二、建筑工程施工质量管控的可行方法

（一）加强对建筑工程施工人员的管控

首先，施工单位应当设立专门的质量管控部门，掌握整个建筑工程项目的每个阶段的情况，并根据实际施工工作作出合理的管理决策。其次，施工单位平时应当加强对施工人员的培训，使其熟练掌握施工技能，并且针对当前要施工项目中的要点进行强调，让每个施工人员都具有自觉的质量控制意识。最后，企业在任用施工人员的时候，应当选用那些综合素质较高、拥有较强工作能力的人，从人员管控的角度出发，加强对工程施工质量的管控。

（二）加强对施工环境的管控

施工企业应当熟悉工程项目的环境，通过控制施工环境，保障施工质量。首先，施工单位应当在开展施工工作之前，对施工现场进行全面考察，了解地质情况和气候，并且做好应对恶劣天气的准备，从而保证施工质量不受外界环境的影响。另外，施工单位应当对施工项目中一些危险性比较高的环节加强管理，避免施工过程中发生安全事故，在保证安全的前提下，按照标准的施工方案开展工作。除此之外，还应当做好施工机械设备的管理，运用符合施工标准的设备，并且在启用设备之前要做好相应的调试，避免因机械设备的原因，影响施工质量。

（三）加强对工序工法的管控

首先，施工单位应该派专业的勘测人员对施工项目提前进行考察，对勘测结果进行合理的分析，并在设计工序工法的时候考虑到所有的影响因素，根据实际情况不断地优化施工过程，从而设计出能够顺利进行的工序工法。其次，要有专业岗位针对施工的工序工法进行校验和改正。当施工过程中，出现与原本的工序工法设计不符的情况时，要及时根据施工需求进行调整，避免不合理的工序工法影响施工质量。最后，要加强对施工过程的管理，保障施工人员严格地按照设计好的工序工法进行施工，从而达到质量管控的目的。

（四）加强对分项工程的质量管控

分项工程的质量，直接关系到整个施工项目的质量。加强对分项工程的质量管控，是保障施工项目质量合格的前提。施工单位应当根据不同的分项工程的特点，选用合理的施工工艺，从而保障分项工程能够满足质量要求。另外，施工单位还应当为每个分项工程安排相应的质量监督管理人员，根据既定的质量标准，对分项工程进行严格的管控，使施工项目的每一部分，都能在保证质量的前提下，按期完成，与其他分项工程相互配合，共同达到整个工程项目的质量标准。

（五）实现建筑工程施工质量管控的保障

要切实落实工程施工质量管控，就必须为管控工作提供相应的保障。首先，企业应当具备强烈的质量管控意识，并且设立相应的管理部门，使其运用管理权限加强对质量的管理。其次，企业应当引进先进的施工技术，从技术层面，提高施工质量。再次，施工单位应当制定相应的质量管控制度，以规章制度对员工工作进行规范，保证其工作质量。最后，企业要投入足够的资金，保障施工工作能够顺利、高效地进行，从而提升工程施工质量。

综上所述，在建筑工程施工过程中，对施工队伍、施工技术、施工环境、工序工法、分部项目管控不严格，都会导致建筑工程施工产生各类质量问题，针对这些问题，建筑工程施工质量管理工作者有必要强化对施工各个要素的把控，从而为建筑工程施工质量的提升提供良好保障。

第二节　建筑工程施工技术

要想提升建筑工程的施工质量，就必须不断改进建筑工程的施工技术以及加强建筑工程现场施工的管理。虽然当前我国的建筑施工技术和现场管理存在一些问题，但是，相信在未来的发展中，我国的建筑行业会不断运用创新思维，创新建筑施工技术和施工管理方式，为我国的建筑行业发展开辟新的道路。

一、现场施工管理的应对策略

（一）以建筑信息管理技术为基础的施工管理

科学技术在不断地发展，现场施工管理体系也在不断地创新。当前，我国的建筑现场施工管理效率比较低，已经无法再适应社会对建筑企业现场施工的需求了。因此，需要创造新的建筑施工管理体系。而建筑信息管理技术便应运而生。它以建筑工程项目的数据信息为管理基础，通过建立模型，全真模拟建筑施工现场，这样便能对建筑施工现场进行全方位的把控，实时地进行全面的检测和预控。这样建筑施工现场的管理就变得更加准确与完备。关于具体的建筑施工现场管理，可以利用建筑信息模型的管理技术，对施工现场和施工的机械等管理进行建模。在为施工现场建立模型时，首先需要掌握施工现场的所有情况，必须对施工现场有一个整体的规划，并且对各项重要的环节进行缜密的布置与安排，以此，达到成功对施工现场进行管理的目的。

（二）对施工现场进行安全技术的管理

安全管理对建筑施工现场来说十分重要。只有确保安全技术的管理，才能保证重点项目的顺利进行。建筑施工现场管理者可以通过建筑工程项目的特点与组织机构设置的情况，建立安全技术交底制度。安全技术交底管理制度能够分段管理建筑施工项目，明确施工责任和管理责任。而且，安全技术交底制度是由主要技术负责人直接向建筑施工技术负责人进行安全交底，并且，明确了具体的事项，达到了目的。这种制度保障了现场施工的安全。

二、建筑工程施工技术及现场施工管理的问题

（一）建筑工程施工技术面临的问题

目前，我国建筑工程施工技术主要面临着三大问题。①建筑工程施工图纸技术的问题。图纸技术是一个建筑项目开展的最基础的工程，如果建筑工程施工图纸技术有任何技术上的问题，那么，将会影响一个建筑工程项目难以得到全面、细致的审查，同时也将影响建筑项目的施工技术，从而导致建筑工程的质量下降。②建筑工程施工预算技术的问题。建筑工程施工预算技术决定着建筑工程的成本投入以及后期的施工管理。如果施工预算出现了任何问题，那么建筑工程将出现后期成本不够，导致工程延期或质量不佳的情况。③建筑工程材料与技术设备准备的问题。建筑工程项目需要建筑工程材料和设备技术作为保障。一旦工程材料不足或者设备技术不够，施工材料和技术就无法得到全面的审查，那么，建筑工程后期就无法得到技术的维护。当建筑工程设备出现故障的情况下，项目工程质量也随即下降。

（二）现场施工管理面临的问题

我国建筑工程的施工现场十分复杂，因此需要制定科学的管理体系，针对项目细化管理规则。一旦施工现场缺乏科学的管理体系，将会出现以下几点问题：建筑实际施工与计划施工之间的偏差。因为施工管理规则没有细化，导致施工时间拖延，实际建筑施工与计划施工不符。建筑施工操作人员的反操作行为。如果施工管理制度不完善，没有相应的规章制度，现场施工人员的被约束意识薄弱，施工人员便会依照自身的意识进行现场施工操作。那么，便会出现一些意想不到的问题，有时甚至会危害到整个建筑工程甚至发生重大生命事故。

三、优化建筑工程施工技术

（一）运用规划性的施工技术

建筑工程施工技术的规范性的提升对建筑施工技术的提高十分重要。规范建筑施工技术不仅符合建筑施工项目的要求，而且顺应时代的发展潮流。因此，如果要运用规范性的建筑施工技术必须要求：对建筑施工图纸进行严格的审核，以免出现技术上的问题，从而影响建筑施工的质量。对建筑施工成本进行全面化的预算。首先，必须对建筑施工的内容进行全面的了解，运用科学的运算方式，仔细认真地进行预算，并且将施工预算与施工日期相结合，使成本预算贯穿于建筑施工的各个环节。对施工材料和设备的技术进行充分的准备。首先，必须建立一个施工材料检查与验收的系统。用来确保建筑施工工程的材料过关，并且实时检查设备的技术是否合格，以此来保证建筑工程施工的稳定进行。

（二）运用建筑工程生态施工技术

随着经济的发展，我国的环境问题也越来越突出。因此，在建筑工程施工中也必须考虑到如何应对环境污染的问题，利用建筑工程生态施工技术的优势，为建筑工程创造新的发展前景。建筑工程生态施工技术，从环保出发，以减少建筑工程施工对环境的污染为目的，以促进建筑项目与周围环境的融合为宗旨，以此来提高建筑工程施工的技术，为建筑企业的发展提供动力。并且，建筑工程生态施工技术的运用，还必须慎重选择建筑材料，充分考虑建筑材料的属性以及建筑施工之后，所产生的建筑垃圾的处理方式等。这些都需要经过仔细地考虑和探讨。

社会经济不断发展，我国建筑工程施工技术也开始逐渐提高。对于建筑工程而言，建筑的质量至关重要，而建筑的质量又与建筑施工技术紧密相关。可见，建筑施工技术对建筑企业的重要性。此外，现场施工管理也同样是建筑企业发展的重要因素。只有提高建筑施工技术和加强现场施工管理，才能促进建筑企业健康发展。本节主要分析建筑工程施工技术和探讨现场施工管理。

第三节　建筑工程施工现场工程质量控制

近年来，随着我国城镇化的不断发展，越来越多的工程质量管理与高难度、大规模以及高质量的质量管理要求难以进行匹配，所以在日常工作中不断加强质量管理模式及其方法的探索具有非常重要的意义。本节首先对建设工程施工现场质量管理的作用进行了分析，其次对目前建设工程施工现场质量管理中存在的主要问题也进行了重点的阐述，并且针对相应的问题也提出了具有建设性的意见。

一、建筑工程现场施工质量控制概述

建筑工程在施工过程中，由于工程质量相对比较复杂，并且施工项目比较多，所以在施工过程中需要对质量进行严格控制，这就需要从各个环节入手。其中，在对施工准备环节进行质量控制时，需要根据施工情况进行施工组织的设计，并保证设计过程的有效性与可行性，同时还需要通过有效的方法来提升施工人员的综合素质，以此控制整个工程施工质量。此外，还需要避免一些因素的影响，比如施工材料、人员以及设备等，并在此基础上进行针对性方案的制定，以此提升施工效率。除此之外，建筑行业还需要畸形管理体系的完善，对原材料质量严格把关，这在较大程度上可对质量进行有效的控制，不但能够提高施工质量，而且可有效节约施工成本，以此为施工企业经济效益的提升奠定良好基础。

二、建筑工程施工现场工程质量控制出现的问题

（一）监理单位监管不到位

一些监理单位在对工程施工监督的过程中力度不足，主要是因一些监理单位为了追求自身经济利益，导致监理人员配备不能达到要求，并且一些监理人员有缺岗的情况，同时现场监管系统也不完善，在一定程度上没有对施工现场一些材料以及设备等进行有效的检查工作，不但降低了监督质量，而且在较大程度上使施工现场工程质量控制得不到有效提升。

（二）工程施工材料质量不达标

我国建筑工程在对施工材料进行选择的过程中需要遵守建筑行业相关标准，这对工程质量的提升有较大的帮助。但是，从目前来看，一些施工企业在进行施工材料的选购时没有按照建筑行业标准进行选购，直接导致建筑工程出现质量问题，尤其是混凝土比例不合理、水泥干土块稳定性较差以及掺合料不符合标准等，同时还出现板面开裂的问题，这在一定程度上会造成安全隐患。

（三）管理体制不完善

建筑工程在施工的过程中，管理体制在其中扮演着重要角色，能够对施工过程中的一些质量问题进行有效约束，但是在实际施工过程中，由于管理体制不完善，在较大程度上对工程施工质量管理水平的提升造成影响，使一些施工管理内容过于形式化，不能真正发挥其作用。

三、建筑工程施工现场质量管理应对策略

（一）提高施工人员的综合素质

在所有影响因素中，施工人员的综合素质是最为重要的影响因素之一，加强施工人员综合素质的提高，对促进我国建设工程施工现场的质量管理同样具有一定的意义。日常工作中施工人员需要做好自身的本职工作，施工单位也要重视加强施工人员的技术技能培训，只有这样才能不断提高施工人员的专业水平以及职业道德素质，进而为确保建设工程施工现场质量管理奠定一定的基础条件。除此之外，也可以广纳吸收人才，尤其是施工技术经验较丰富的人才，这样有利于带动新员工尽快成长，激发新员工的潜能，日常工作中也要给予足够多的时间让新老员工就施工技术方面的问题多进行交流，进而提高施工人员的施工技术水平。

（二）完善监理单位监管工作

建筑工程现场施工质量的提升较大程度上与监理部门全面监督有关，这就需要监理单位完善自身监管工作，肩负其监管责任，同时将监管责任落到实处。此外，需要对监理单位进行监督程序的完善，对监督报告的标准性进行有效检查，还需要有效制定监理制度，这能够在最大限度上发挥监督作用。

（三）建立统一的质量管理体系，完善质量管理制度

随着社会经济的快速发展以及建筑行业的不断进步，虽然建筑行业整体发展水平有所提升，但是部分施工单位依然沿用传统的建筑工程施工质量管理理念和模式，需要进一步改革创新。实践中可以看到，虽然制定了施工质量管理制度，但是实际中依然缺乏有效的措施和手段，以至于建筑工程施工质量管理只是流于形式，实际效果不好。基于此，笔者人员应当建立专门的管理小组，根据实践工况特点和先进理论，立足于拟建工程项目实况，制定科学和切实可行的建筑工程施工质量管理制度。由于建筑工程施工建设是一项非常复杂的工程，涉及很多方面的影响因素和问题，因此在制定建筑施工质量管理制度过程中应当对多种因素进行综合考虑，并在此基础上形成较为具体的施工质量管理措施，确保措施和方法的切实可行性和高效性。对于建筑工程项目而言，在施工过程中应当加强全过程管控，建筑工程施工决策阶段建设方应当做好准备工作，按照程序严格落实各项工作，以此来保证建筑工程施工管理工作顺利进行。

（四）提高施工原材料质量

建筑材料是建筑工程整体质量的保证，由此可以看出，只有保证原材料质量才能保证建筑行业整体质量的提高，这就需要对材料进行严格的检验，以此达到建筑行业材料设计标准，这也是建筑行业最为重要的环节。此外，还需要在此基础上查看生产厂家的正规性，以确保原材料质量的提升。

综上所述，在企业生产经营过程中，建设工程施工现场质量管理作为重要组成部分，其项目的整体质量与人们的生命财产安全息息相关，所以在日常工作中必须要加强重视，有重点、全过程管理，不断完善质量管理体系以及加强施工人员的综合素质并规范其施工技术，只有这样才能确保建设工程施工现场的质量管理，进而推动我国建筑行业的进一步发展。

第四节　工程测绘与建筑工程施工

在新时代背景下，我国经济水平逐步提高，建筑工程得到了人们普遍的关注。在

施工项目之中，工程测绘一直都是非常重要的一部分，对项目的整体质量有着非常重要的影响。因此，相关人员理应提高重视程度，通过应用合理的措施进行控制，进而确保工程水平可以达到预期的水平。本节主要描述了工程测绘的主要概念，探讨工程测绘在质量监控的主要特点，分析质量控制的主要意义，并对于实际应用方面发表一些个人的观点和看法。

从现阶段发展而言，为了保证建筑项目的水平能够达到预期，前期准备工作极为重要。其中便包括工程测绘，通过测量的方式，了解项目的各方面数据信息，并绘制成图表，促使施工人员能够更好地进行工作，进而提升整体质量。

一、工程测绘的主要特点

对于工程测绘来说，自身有着多方面特点，诸如制图调查、图纸设计、材料选用以及尺寸设计等。因此在项目正式开展的过程中，公测测绘人员便需要对所有数据内容进行深入核对，确保没有任何缺陷存在，这也是企业对于工程质量展开控制的基础前提。对于工程施工本身来说，质量控制的重点核心便是工程测绘，同时还会对于建筑施工的材料、施工方法以及具体应用方面带来非常大的影响。

二、工程测绘在质量监控的主要意义

（一）提升制图工作的整体水平

通过提升施工团队自身的工程测绘技术，可以促使自身工程制图的整体水平得到提高，同时也会对建筑物各个不同阶段的质量控制工作带来较大的影响。无论是前期的调查和探索，还是施工之后的管理工作。在实际测绘的时候，如果需要针对地面展开测量，则需要对各类不同的测绘工具予以充分利用，详细把握建筑当前所处的位置、整体形状以及施工规模等。对于设计图本身来说，内容是否完善以及是否达到既定要求，都会对工程测绘带来较大的影响。之后施工团队再进行工程调查，获取图纸在制作时需要耗费的数据资料，防止由于图纸内部存在数据错误，对整个工程造成巨大影响，导致严重的经济损失产生，同时还能确保施工的售后服务得到全面强化。除此之外，工程测绘工作还会对于建筑工程施工的顺利程度带来影响，放在施工的过程之中，部分工作量会有所增加，抑或某些工作内容出现了多次变动，从而可以和其他企业更好地展开交流工作，彼此交换自己的想法。对于建筑企业来说，理应将工程测绘对建筑质量控制的实际作用全部展现出来，依靠高精度测绘的方式，保证图纸内部的数据更具精确性特点以及准确性特点，进而使得相关研究工作可以取得进一步突破。

（二）提升施工的整体质量

在近些年之中，我国的发展速度越来越快，尤其是经济增长速度方面，完全超出了早年的预期，从而对整个施工过程带来了巨大影响。对于施工的每一个阶段，施工企业都需要采取一些具有较高精确性且十分搞笑的测绘方式，并将现有的施工资源整合在一起，采取相关措施予以合理配置，为项目的正常开展奠定良好的基础，同时还能施工项目的有效性有所提升。当然，对于测绘工作来说，实际作用并非仅仅如此，在施工的过程中之中，无论是资金成本投入、设备使用还是人力资源方面都能够起到非常好的推动效果，从而使得系统能够及时得到更新，部分不足之处也能有所完善，同时还能对于数据出现的各类异常情况进行有效控制。对于建筑工程自身来说，不论哪一类建筑，质量都是其中最为重要的一项基础因素，施工质量的控制效果往往会直接取决于前期调查以及测量的具体结果。由此能够看出，按照规定要求展开测绘，可以使得计划经济变得更为合理，同时还能使得工程选址的精确度有所提升，以防会有严重的误差问题出现。如此一来，项目在实际开展的时候，对于周边乡镇带来的影响将会降至最低。在进行工程测绘的时候，还能完成定期测绘，以此得到相关数据资料，从而能够及时找出其中存在的各方面问题，并通过最为有效的措施进行处理，以防会有任何意外情况产生。不仅如此，在项目开展的过程之中，所有数据、资料、报告内容以及电子资料都会被工程测绘所影响，从而变得更为完善。

三、工程测绘在建筑施工中的实际应用

（一）布点和测量工作

项目开始前，会直接提供高程控制点及其他各方面的数据资料，之后再基于资料的内容在建筑物的四个方向分别设置一个固定的控制点，之后再将这些控制点以甲方的要求展开控制。基于当前场地的具体情况，对其中的部分数据展开相应的调整，如果建筑物周围的场地十分狭窄，东西向的控制点可以设置在东边，而南北向的控制点便能够设置在北边，同时还要保证实际布设足够集中，不能过于分散。而对于西、南两侧位置来说，单纯展开远向的复核控制点布设即可。之后项目便进入到了测试阶段，基于三等水准的要求展开测量。所有控制点都需要布设于周边的马路或者建筑物上方，同时还要保证其通视水平达到要求。如此一来，施工人员在应用正倒镜分中法或者后视法的时候，全部都能确保测量的内容可时刻控制在预期的范围之中。

（二）轴线和控制线的放样

首先，针对整个场地展开详细观察，并将场地的实际情况以及建筑物结构的基本特点考虑进来，以此能够对测量工作展开合理控制。同时还要时刻遵循逐级控制的基础原则，由整体到局部，先针对整体展开控制，之后再逐步扩散到局部位置进行测量。基于场地当前的通视条件和场地的具体要求，将城市原本的导线点当作是控制点进行控制，确保其能够以场地为中心进行环绕，从而能形成首级控制导线网。在实际进行施工测量的时候，工作人员可以通过内外相结合的控制模式，一般将内控作为主要基础，而外控则能够算作辅助，确保内外测量能够联系在一起。如果在进行轴线控制的时候，施工人员选择方格网的方式进行控制，最好不要选择边长过长的轴线，并将其看作是二级导线，将由于工程过大高差而产生的 1 角影响不断降低，防止工作人员在测量放样的过程中，地上部分会和地下部分之间出现了超差的问题。在原有的基础护坡位置，提前设置形状为"十"字的首要控制点，从而能够更好地对 1 级导线以及 2 级导线展开检核，确保实际得到的数据资料能够和控制测量的精度保持一致。最后则是通过正倒镜的方式对控制点进行投测，之后再进行平差和复核，依靠直角坐标系的方式或者内分法的方式，促使墙体本身的控制线以及诸多细部线的方式展开测放。例如，在前期挖基坑的时候，工作人员便可以对边坡位置的上下口弦展开控制，同时具体的外放量则需要将坡度本身的情况考虑进来，以此提升计算的精确度。为了保证层间检测更具便利性，还需要提前在各个流水段之中设置好所有预留点，以此确保其密度达到要求。对于主楼而言，每一层都需要提前至少预留 9 个轴线控制点，并及时采取多种不同的方式对层间放线展开负荷。不仅如此，工作人员还需要依靠激光铅直仪法的方式对大凌空层间中不是特别复杂的点位进行验证和审核。

四、测绘工程提高质量控制的方法

其一是精度控制，为了保证施工进度和质量达到预期，理应创设平面控制网。基于这一情况在实际选择时，必须确保其达到规定的要求。同时还要尽可能将多方面因素考虑进来。

其二是标高传递，在实际测量的时候，应当参照项目施工的具体情况，采用三等水准点展开测量，并对于误差予以合理控制。其中，出现概率最高的便是系统误差。

其三是高程控制点的测量，在实际测量时，理应考虑三个方面。首先在侧脸高的时候，必须要参照设计单位提供的基准点，以此保证测量精度较高。其次是在布置三等水准点的过程中，必须有效把握水准点和建筑之间的距离，一般最好不能超过 20m。最后则是对精度范围展开复核，确定其达到规定要求之后，才能进行水准点的使用。

综上所述，在当前时代，人们对于工程测绘工作的技术和质量均有着非常高的要求。为此，相关人员理应做好技术研究的工作，通过合理的措施确保其控制效果有所提升，进而提升整个建筑物自身的整体质量。

第五节 建筑工程施工安全监理

通过做好工程监理工作，不仅能够确保工程质量、安全达标，同时可以提高工程的经济与社会效益。但是，当前形势下，建筑工程施工安全监理管理水平仍然有待提高。本节先对建筑工程施工安全监理的现状进行探讨，并进一步研究当前施工安全监理存在的问题与不足，接着指出了提高建筑工程施工安全监理水平的有效措施，以期对相关同行做参考。

随着我国城市建设进程的不断推进，建筑工程在城市建设中占有越来越重要的地位，其不仅关系着人民群众的日常生活水平，还与城市整体形象息息相关，由此可见，建筑工程在城市建设中发挥着巨大的作用。在目前我国的工程监理中，由于受到建筑市场不稳定因素的影响，法律法规没有得到改善，仍有许多问题需要解决。诸如，施工安全事故频发，施工单位安全管理体系不健全，管理制度、人员落不到实处，施工安全监理管理不到位。建筑行业需要研究和解决这些问题，以推动行业积极发展。要建立健全建筑工程施工安全监理服务标准与奖罚体系，不断提高监理人员的综合素养，确保监理行业的健康发展。

一、我国建筑工程施工安全监理的现状

首先，建筑行业的特殊之处在于其占用的人力资源较大。由于建筑业作为劳动密集型产业，其施工人员的管理难度较大。在建筑工程项目的施工阶段，分工非常复杂，工作量大，人员流动性大。这些问题进一步加剧了项目施工安全监理管理的难度。其次，在建筑工程项目施工过程中，对从业人员的施工技能具有较高的要求，同时要求其具备相当的专业知识。此外，现在员工自身也有很多不足。由于项目所需的工人规模较大，施工单位无法做到针对每个人的详细情况进行了解掌握，造成施工人员水平颇有偏差。另一方面，未受过良好教育的工人倾向于使用非标准操作，这极大地影响了项目的施工安全管理，也给项目安全管理埋下了较大的安全事故隐患。第三，从根本上讲，施工单位的项目安全管理组织架构不健全不完善，将造成项目施工安全监理管理非常的困难。虽然我国目前的建筑业早已粗具规模，并形成了基于建设工程承包的基本组织结构，但作为施工企业的管理层，在工程中尚未实施完善的组织结构，产生了重大的施工安全监理管理漏洞问题。

二、当前安全监理存在的问题与不足

（一）建筑施工安全的法律法规并不完善

建筑行业正在蓬勃发展。但是，现行的建筑安全法规已不能满足当前的施工条件。由于法律的滞后，越来越多的建设单位开始利用法律漏洞，如无证设计、无证施工、超限施工等屡有发生，给建筑工程施工带来严重的安全隐患。

（二）安全管理和监督体系不完善

在新形势下，工程总承包制度是建筑工程的一种常见形式。然而，大多数承包商还没有建立健全安全管理和监督体系，而只是注重缩短工期。这完全背离了安全建设的制度，在管理上存在着更多的安全风险。然而，一些建设单位虽然制定了安全管理办法，却没有实施和完善安全管理规定。因此，在现阶段，建筑工程施工现场的安全管理和监督体系仍不完善。

（三）施工人员素质不高，安全意识薄弱

一方面，建筑工人的教育水平普遍偏低，素质不高。他们仅略知自己在做什么，对建筑工程安全生产法律法规和设计要求没有清晰的理解。另一方面，施工单位或企业在施工前对建筑工人没有集中培训，导致建筑工人对工作的理解存在很大差距。所有这些都导致建筑工人缺乏安全意识。其中，建筑工程施工安全管理中消防安全意识的缺失越来越严重。由于建筑工程一般工程量较大，施工周期长，许多施工单位为了加快进度，方便施工，部分施工人员直接住在施工现场。施工人员长期居住在施工现场，生活设施简单，有的布线已经老化，内部布线暴露；加上集中用电，电源压力高，容易擦生火花，引起火灾。此外，施工人员流动性大、素质参差不齐、安全意识薄弱、协调管理困难等都是造成施工过程中安全问题的潜在因素。此外，建设单位不十分重视"安全第一"的原则。一旦发生事故，相应的应急措施没有到位，施工人员无法启动。

（四）安全监管不到位，监管薄弱

建筑工程施工安全管理与安全监管密不可分。如果没有安全监管，将给施工过程带来非常严重的安全隐患，影响工程的施工安全。建设单位、监理单位和政府监督管理部门在建筑工程施工安全监督管理中发挥着重要作用。任何偏离或忽略这三个主题都将导致危机。第一，施工单位自身安全生产管理和措施不到位，为了跟上施工进度和降低成本，很多施工单位安全设施和设备没有配备到位，施工设备报检不到位，施工工人往往忽视安全和质量问题，工程监理不够严格，力度不够强，只关注形式，没有严格的制度去约束他们的行为。第二，监理单位的监督检查工作存在盲点。监理人员如果未经上级允许擅自离开，谋取个人利益和其他违规行为，将会对整个项目的施

工安全管理造成严重的影响。第三，政府监管当局应该发挥应有的作用。目前仍然存在监管人员素质低、追求私利、监管不足等问题。这主要是由于政府监管机构的管理力度不够，责任制度尚未落实。这不仅延缓了项目的施工进度，也鼓励了一些监理人员抓住机遇，谋求私利，为项目后期可能发生的危机埋下了伏笔。第四，操作人员素质不高，缺乏社会责任感和安全意识，工作时马虎行事，匆忙决定，导致监管工作无法真正贯彻和落实，无法达到相应的标准，最后只会给施工带来很大的损失，给项目的质量造成很大的威胁，也造成经济损失，而且还会给施工带来安全隐患和不利影响。

三、提高建筑工程施工安全监理水平的有效措施

（一）加强安全立法，完善建筑工程的相关法律法规

国家应该完善建筑工程的安全生产法律法规，为参建单位和人员安全生产提供法律和制度保障。这不仅需要加强安全立法，弥补现有法律的不足。还应督促各参建单位建立安全管理体系，改善和优化组织结构的工作环境，必须从根本上解决安全问题。首先，施工单位作为建筑工程施工安全管理的责任主体，要加强对施工安全观的认识和教育。建设施工队的施工安全管理制度应当在单位内部建立，各部门、各环节工作人员都必须参与，提高施工队伍和监督人员的积极性。其次，政府的执法部门应该"执法必须严格，违法必须被起诉"。建设单位要严肃处理违纪违法行为。监管者必须依法办事，并定期对施工单位进行监督。发现施工方法不当，施工设备不合格，应当立即进行制止处理。根据项目建设的实际情况，立法部门应完善相关的施工安全法规和生产安全法规，为建筑工程施工安全管理提供法律保障。

（二）督促施工企业完善相关安全管理制度

监理应督促施工企业结合各自的实际情况，参考自身的专业设备配备水平、专业人员雇用数量等因素建设最符合自身的完善的安全管理体系。项目施工过程中施工安全管理组织结构的完善程度直接决定了项目施工安全管理体系的合理性，以及安全事故的出现频率。安全管理成效好坏直接取决于施工安全生产管理体系的完善程度，如果施工安全生产管理体系的完善程度不高，那么实际操作过程中诸多突发的意外因素便会直接影响到工程施工的安全程度。因此一个合理且完备的安全管理制度是建筑工程施工中不可或缺的后备支持。

（三）加强施工设备的安全监理管理

施工现场设备的安全性也是建筑工程施工安全管理中有待解决的问题之一。先进的设备直接影响项目的质量和进度，特别是建筑工程施工所需的大型设备必须严格控制和管理。建筑工程施工过程中应用的机械设备众多，如土方施工设备、吊装类施工

设备、垂直运输施工设备等，其安全管理一直是施工安全管理中的一个重要环节。施工前和施工后，应进行检查和评估，以消除摇篮中潜在的安全隐患。在设备进入施工现场之前，安排专业安全检查员对设备进行评估，记录设备数据并归档；设备使用后，仍需对设备进行再次监测。当发现故障时，应及时报告维修，以确保设备在后期的顺利使用，不延误施工进度。此外，其他小型设备的安全性能也应定期监测，日常维护也是必不可少的，以逐一消除可避免的潜在安全危害。监理可以通过检查施工机械、设备安排是否合理、确保设备的投入数量以及使用周期，在确保设备利用率的同时，也应定期检查机械设备的定期维护保养情况，确保机械设备的使用安全性，如若工程时间紧急，检修工作也可在施工间隙完成。

（四）加强施工管理人员的监理管理

增强施工管理人员安全施工的责任感，可以有效地避免建筑工程施工中出现的安全问题。对施工人员进行管理的第一步便是人员筛选以及合理分配问题，人员挑选期间应首先将患有高血压、心脏病、恐高症等病症的人员排除出一线作业人员的候选名单。监理应督促施工企业与固定医疗企业合作，定期为从业人员安排体检，避免工程作业期间出现施工人员发病的现象。建立触碰安全生产高压线的检查处罚制度，安全生产培训与处罚并行。住建部37号令、31号文这个文件各部门都引起了极大的重视。督促施工企业对已雇用的施工人员进行安全知识培训，并在公告栏张贴安全知识宣传页、定期组织安全知识宣传会议，确保一线操作人员具有一定的安全知识储备，并在突发情况下可以进行一定的应急处理以及自我保护措施。在特种人员招收时应确保其具有专业的从业资格证书，对工程负责的同时也是对从业人员的负责。结合工程建设安全生产法律法规，重点对典型安全事故进行分析，并对其教训进行整体论述，以深化公众的安全意识。

（五）建立安全生产长期意识，杜绝麻痹思想出现

首先，安全生产管理工作是一项持续性的工作，只有起点，没有终点。对于某些工序，是一个循环的工程，需要长期坚持，常抓不懈，不断完善。其次，安全生产管理需要主动出击，预防在前，不能被动接受。

（六）监理人员发现施工现场存在较大安全事故隐患时，要立即制止，及时上报安全生产管理情况

项目监理人员在实施监理过程中，如果看见施工人员不戴安全帽进入工地，施工违规操作等应立即制止；如发现工程施工存在安全事故隐患时，应签发监理通知单，要求施工单位进行整改，情况严重时，应签发工程暂停令，并及时报告建设单位，如施工单位拒不整改或不暂停施工时，项目监理机构应及时向有关主管部门报送监理报告。

综上所述，社会经济与科学技术的发展对建筑工程施工行业提供了发展机遇，尽管当前国家在施工技术方面已经取得一定的成就与发展，但是仍然在建筑工程施工安全监理管理方面存在一些弊端，给建筑工程施工安全管理造成了不良影响，近几年来由于施工单位安全管理体系不健全、制度不完善、管理不到位及监理单位在施工安全管理方面履职不到位而发生安全事故的事件时有发生。由于工程监理已经对建筑方面的发展与升级形成了很大的影响。所以如何提高建筑工程施工安全监理水平已经成为建筑工程施工安全管理必须面对并完善的重要问题。

第六节　建筑工程施工安全综述

建筑工程项目往往有着单一性、流动性、密集性、多专业协调的特征，其作业环境比较局限，难度较大，且施工现场存在着诸多不确定性因素，容易发生安全事故。在这个背景下，为了保障建筑安全生产，应将更多精力放在建筑工程施工安全管理上。下面，将先分析建筑工程施工安全事故诱因，再详细阐述相关安全管理策略，旨在打造一个安全施工环境，保证施工安全。

一、建筑工程施工安全事故诱因分析

建筑工程施工安全事故诱因主要体现于几个方面：（1）人为因素。人为失误所引起的不安全行为原因主要有生理、教育、心理、环境因素。从生理方面来看，当一个人带病上班或者有耳鸣等生理缺陷，极易产生失误行为。从心理方面来看，当一个人有自负、惰性、行为草率等心理问题，会在工作中频繁出现失误情况，最终诱发施工安全事故。（2）物的因素，其主要体现于当物处于一种非安全状态，会发生高空坠落等不安全情况。如钢筋混凝土高空坠落、机器设备高空坠落等等，都是安全事故的重要体现。（3）环境因素。即在特大雨雪等恶劣环境下施工，无形中会增大安全事故发生的可能性。

二、建筑工程施工安全管理对策

（一）加强施工安全文化管理

在建筑工程施工期间，要积极普及施工安全文化，加强施工安全文化建设。施工安全文化，包括了基础安全文化和专业安全文化，应在文化传播过程中采取多种宣传方式。如在公司大厅放置一台电视机，用来传播"态度决定一切，细节决定成败""合格的员工从严格遵守开始"等企业安全文化口号。在安全文化宣传期间，还可制定一个文化墙,用来展示公司简介、发展理念、"施工安全典范标榜人物""安全培训专栏"等,向全员普及施工安全文化,管理好建筑工程施工安全问题。而对于施工安全文化的建设,要切实做好培育工作,帮助每一位施工人员树立起良好的安全价值观、安全生产观,从根本上解决人的问题。同时,在企业安全文化建设期间,要提醒施工人员时刻约束自己的建筑生产安全不良状态,谨记"安全第一"。另外,要依据企业发展战略,建设安全文件,让施工人员在有章可循基础上积极调整自己的工作状态,避免出现工作失误情况影响施工安全。

(二)加强施工安全生产教育

在建筑工程施工中,安全生产教育十分紧迫,可有效控制不安全行为,降低安全事故发生概率。对于安全生产教育,要将安全思想教育、安全技术教育作为重点教育内容。其中,在安全思想教育阶段,应面向全体施工人员,向他们讲授建筑法律法规、生产纪律等理论知识。同时,选择一些比较典型的安全事故案例,警醒施工人员约束自己的违章作业和违章指挥行为,让施工人员真正了解到不安全行为所带来的严重影响。在安全技术教育阶段,要积极针对施工人员技术操作进行再培训。包括混凝土施工技术、模板工程施工技术、建筑防水施工技术、爆破工程施工技术等等,提高施工人员技术水平,减少技术操作失误可能性。在施工安全生产教育活动中,还要注意提高施工人员安全生产素质。因部分施工人员来自农村务工人员,他们整体素质较低,缺少施工经验。针对这一种情况,要加大对这一类施工人员的安全生产教育,增强他们安全意识。同时,要定期组织形式不同的安全生产教育活动,且不定期考察全体人员安全生产素质表现,有效改善施工安全问题。在施工安全生产教育活动中,也要对管理人员安全管理水平进行系统化培训,确保他们能够落实好施工中新工艺、新技术等的安全管理。

(三)加强施工安全体系完善

为了解决建筑工程施工中相关安全问题,要注意完善施工安全体系。对于施工安全体系的完善,应把握好几个要点问题:(1)要围绕"安全第一,预防为主"这个指导方针,鼓励施工单位、建设单位、勘察设计单位、工程监理单位、分包单位全员参与施工安全体系的编制,以"零事故"为目标,合作完成施工安全体系内容的制定,共同执行安全管理制度,向"重安全、重效率"方向转变。(2)要在保证全员参与体系内容制定基础上,逐一明确体系中总则、安全管理方针、目标、安全组织机构、安全资质、安全生产责任制、项目生产管理各项细则。其中,在项目生产管理体系中,要逐一完善安全生产教育培训管理制度、项目安全检查制度、安全事故处理报告制度、安全技术交底制度等。在项目安全检查制度中,明确要求应按照制度规定对制度落实、机械设备、施工现场等事故隐患进行全方位检查,避免人的因素、环境因素、物的因素所引起的安全问题。同时，明确规定要每月举行一次安全排查活动，主要负责对技术、施工等方面的安全问题进行排查，一旦发现问题所在，立即下达安全监察通知书，实现对施工安全问题的实时监督，及时整改安全技术等方面问题。在安全技术交底过程中，要明确规定必须进行新工艺、新技术、设备安装等的技术交底。

综上所述，人为因素、物的因素、环境因素会导致建筑工程施工安全事故，为降低这些因素所带来的影响，保证建筑工程施工安全，要做好施工安全文化管理工作，积极宣传施工安全文化概念和内涵，加强安全文化建设。同时，要做好施工安全生产方面的教育工作，要注意组织施工单位、建设单位、勘察设计单位、工程监理单位合作构建施工安全管理体系，高效控制施工中安全问题。

第九章 建筑工程施工技术

第一节 高层建筑工程施工技术

随着城市化进程持续加快，城市土地资源紧张，高层建筑受到城市与建筑师的青睐，需要的建筑施工技术也比较提高，持续研发新的高层建筑施工技术，持续引进与革新国内外优秀的施工技术理论并联合本身实践经验，拟订跟建筑单位的相对完备的高层建筑工程施工技术体系相符的，为中国高层建筑项目施工技术的进一步发展提供动力。所以，高层建筑有着需要进一步发展的需要，也是将来建筑项目发展的主流方向之一。

一、高层建筑施工建设特点

施工工艺要求高。高层建筑施工的基础原料现阶段必须为钢材以及钢筋混凝土，同时由于现在建筑市场的建筑材料混杂，为了确保高层建筑钢筋混凝土现浇工程的施工质量，施工单位需要对建筑市场上现有的建筑制品以及建筑模板的施工工艺进行深入研究。另外建筑企业只有满足普通大众的需要，才能够在竞争如此激烈的市场环境中占据一席之地，实现高层建筑平面设计类型的个性化、多样化，选用个性、独特、民族的立体造型，有效处理高层建筑以及周围环境之间的关系，选择有效的方法使高层建筑以及其周边环境得以有机融合。除此之外，高层建筑由于自身的电气设备以及层次较多，应当更加重视建筑的防水设施以及消防设施，提升建筑的安全性，营造给建筑用户安全、可靠的使用环境，这也是提升高层建筑工程质量的保证。

高层建筑施工建设用时长。一栋多层住宅从建设施工到竣工平均工期是 10 个月，高层建筑所需要的施工工期则是两年左右。而想要缩短高层建筑施工工期，则需要减少建筑装饰施工周期或者是建筑结构施工周期。高层结构体系的不同可以选择不同的施工工艺，但不管选用何种施工工艺都需要进行混凝土现浇，这也是现阶段高层建筑施工建设必不可少的工序，而科学的选择使用模板体系不仅能够有效减少施工成本，同时也能够减少主体结构施工周期。

二、高层建筑施工技术要点

混凝土施工技术要点。在建筑工程施工过程中，强化对混凝土施工的质量控制尤为必要，尤其是高程建筑工程，对于混凝土施工的要求更高。在施工过程中，首先要根据工程建设需要以及工程建筑的质量标准进行混凝土材料配比，从而保障混凝土的质量，强化混凝土施工质量。在进行混凝土材料配比时，应注意水泥材料的选用，尽量选择水化热现象较轻的水泥材料，有时还可以适当地减少水泥比重。混凝土要根据工程的建设需要进行拌和工作，防止发生混凝土剩余的状况，因为剩余的混凝土会由于长时间搁置会逐渐开裂、受损，难以适应建筑工程的质量要求。此外，在混凝土施工过程中，应先对混凝土质量进行监测，监测无误后再进行施工操作。在进行混凝土施工时一定要按照工程的施工要求标准进行施工工作，保障混凝土施工质量。

钢筋施工要点。钢筋工程是高层建筑工程施工过程中必不可少的施工环节，在这一环节过程中，一定要把握好钢筋工程的施工要点，控制好钢筋工程的施工质量，避免对混凝土的结构和质量造成破坏，为以后施工环节的正常展开奠定基础。①在钢筋工程施工开始前，应对钢筋材料的质量进行严格监测。在这一阶段，发现质量不符合工程建设要求标准的钢筋材料应及时更换，避免影响工程施工质量。②应对进场钢筋进行检测工作。一般来说，钢筋材料都要经过严格的质量检测才能进场，但是为了保障钢筋工程的施工质量，还应对进场钢筋进行进一步的质量检测工作。在这一阶段，可以采用抽样检测方式检查钢筋的质量。③在钢筋工程施工过程中，应做好钢筋的换代工作。由于高层建筑施工工程的施工难度比较大，所以施工人员在进行施工过程中难免会出现施工操作失误等现象这时就需要对钢筋材料进行及时的换代工作。但是在进行钢筋换代时，应注意替换钢筋的质量要符合高层建筑工程质量要求标准，避免影响工程的施工质量。④要做好钢筋加工与连接的质量工作。按照工程的设计要求以及工程施工标准进行钢筋加工与连接施工工作，确保钢筋工程施工质量，保障钢筋结构的安全性和稳定性。

电气工程施工要点。在具体的施工过程中，应注意以下几个施工要点：①要做好对高层建筑电气工程的设计工作。其中包括对高层建筑的照明系统、通信系统以及防雷系统等的设计工作，例如在照明系统的设计过程中，应注意最大化地利用自然光源，从而为用户提供更好的生活服务。②要加强对照明系统的施工要点控制。在施工时应根据工程的具体设计要求进行施工操作，保障照明系统施工质量。此外，还应精简照明线路，防止发生线路混乱的现象，减少安全隐患。③在高层建筑施工过程中，还应注意防雷系统的建设。在实际施工过程中，应将防雷工程建设落到实处，可以结合建筑工程的周围环境、建筑外形等因素，综合考虑，最终确定防雷系统建设，为用户的生命安全提供保障。

基桩施工要点。目前，我国高层建筑工程主要采用的施工技术有灌注桩施工技术、预制桩施工技术、高层钢结构施工技术等，在具体的施工过程中，应对各种施工技术的施工要点控制。①灌注桩施工技术。在进行灌注桩施工时，应注意进行全面的检查工作此外还应注意对作业面进行排水工作。②预制桩施工技术。在进行预制桩施工之前，应根据工程建设需要选择合理的预制桩施工技术，从而保障工程的施工质量。此外，还应注意不同施工技术对于施工操作具有不同要求标准。

结构转层施工技术。在高层建筑工程施工的过程中，施工人员需对建筑顶端轴线位置进行相应的调控，对上部顶端轴线位置的要求较小，而对于下部建筑物轴线的位置要求较高，施工人员需进行较大的调整。

建筑过程中的技术要领是一种相反的状态，在此种情况下，便使建筑工程施工技术与实际应用过程存在一定的差距，所以需运用特殊的工法进行房屋建筑工程的施工，在建筑施工的过程中，建筑人员需对楼层设置相应的转换层，在此种结构模式中，当发生地震的时候，楼层的抗震性便能得到相应程度的增强。此外，在建筑的过程中，建筑人员需对楼层的结构转换层的高度进行一定程度的限制，在合适的高度基础上，楼层的安全性才能得到相应程度的保障，进而人民的生命健康免受威胁。

总体来说，高层建筑的出现使得建筑施工工艺要求有所提升。在对高层建筑进行设计时，设计部门一定要时刻遵守高效、标准以及科学这三项原则，高层建筑施工人员需要将施工工艺要求以及建筑本身的特点相结合，提升关键环节施工工艺的规范性以及科学性，严格管理所有建设设备，确保设备质量，同时确保建筑施工的安全性、可靠性，因地制宜，安全合理，这样才可以提升高层建筑的建设施工质量，有效加强高层建筑的建设水准，这样才能够提供给用户更加安全、可靠的使用环境。

第二节　建筑工程施工测量放线技术

建筑工程施工质量在很大程度上受到测量放线技术的应用影响，技术的高质量应用也长期受到建筑业重视。基于此，本节将简单分析建筑工程施工测量放线技术的基本应用，并结合实例，深入探讨异形结构建筑施工测量放线技术的应用，希望研究内容能够为相关从业人员带来一定启发。

测量放线技术的应用直接关系着建筑工程施工的精确度，可以将其视作转化设计图纸为实际工程的重要途径，建筑工程地基施工、混凝土浇筑、金属结构和机电设备安装质量均会受到测量放线技术的直接影响。为实现测量放线技术的高水平应用，正是本节围绕建筑工程施工测量放线技术开展具体研究的原因所在。

一、建筑工程施工测量放线技术的基本应用

基本方法。直线段定位放线与曲线定位放线属于最为常见的建筑工程施工测量放线技术。直线段定位放线的难度较低，较为适用于地形平缓的地段，一般采用测距仪和经纬仪完成测量放线，测量定向由经纬仪负责，定位放线的最终完成需采用测距仪；曲线定位放线也能够较好服务于建筑工程施工，满足非直线定位放线需求，弥补直线段定位放线存在的不足，因此曲线定位放线可较好用于非直线定位放线需求地区。在具体的非直线定位放线过程中，一般搭配直线、弧线、圆线进行测量放线，测量精准度也能够由此得到保障，配合 XY 轴坐标实现辅助定位，双坐标定位方法的采用可进一步提升测量放线精确度。

校核要求。在建筑工程施工中，放线测量的成果大部分需要立刻交付使用，且多数不会再次开展准确性测量，因此建筑工程施工测量放线技术的应用需做好自我校核，以此保证失误能够在最短时间内发现并进行纠正。在主要轴线点的校核中，可采用单三角形、三边测距交会、三点交会等方法，轴线点位的测定不得采用 2 点测角开展；在工程轮廓点的校核中，需保证定点测量基于测角交会法开展，测量过程需选择 3 个测量方向，校核方向为第 3 个方向，定点选择测角的后方交会处，以此实现对 4 个方向的同时观测。校核的条件应选择 4 组坐标，保证无论采用何种放样方法，放样定点均在轮廓点之前，同时对比理论值，保证粗差能够在最短时间内发现。此外，在精密放样一些规则图形的过程中，放样点之间的关联需在施工现场开展随时检查，高程放样的光电测距仪使用则需要采用往返的观测方式，水准仪的应用需要采用相同方式；在测站定向环节的仪器使用中，为观测方位角是否符合，需后视 2 个确定的方向。对于精度要求不高且较为简单情况，观测需基于水平角进行，如需要进行倾斜改正操作或一定高程，需观测一次天顶距，避免放样过程出现没有校核条件且仅仅进行半测的情况发生。

复测要点。为保证建筑工程施工的最终质量，完成测量放线后的复测同样需要得到重视，复测的目的在于检查整个建筑工程的平面位置及高程数据是否符合设计且满足规范要求。结合调查可以确定，忽视复测工作很容易造成建筑工程施工测量放线方面的事故，因此必须对设计图纸、建筑物定位、水准点高程进行复测。在对设计图纸的复测过程中，全面校核需基于施工设计图纸明确标注的尺寸展开，还需要校对总平面图中相关数据及建筑物具体坐标，以及基础图及平面图中标高的具体尺寸、中轴线的位置、符号等内容，分段长度与各段长度的一致性也需要得到重视。对于矩形建筑物来说，复测还需要关注两对边尺寸的一致性，局部尺寸变更对其他尺寸的影响也需要得到重视；建筑物定位复测需基于定位控制桩，基于图纸当中标注的数据，对比建

筑物的标高、几何尺寸、角点坐标等数据，确定工程精度要求能否满足。还应对建筑物方向准确性进行整体观察，桩移位引发的位置偏移等意外情况需得到重点关注，如发现问题，需及时纠正；水准点高程的复测也不容忽视，复测过程往返观测 2 次，测设水准点需基于图纸标准数据进行，通过准确的校核，预防高程使用失误问题出现，否则建筑物很容易出现升高等异常情况。

二、实例分析

工程概况。以某地集商业与办公为一体的 3 栋高层建筑作为研究对象，工程占地面积、建筑面积分别为 115440m² 与 520240m²，最高一栋建筑的高度为 200m。由于 3 栋高层建筑均属于异形结构建筑，拥有形状不一的每层外围轮廓线，同一层不同位置也拥有不尽相同的轮廓线曲率半径。深入分析可以发现，工程属于超高层建筑，高程和平面控制网垂直传递距离长，测站转换多，体形奇特，较多的高空作业均大大提升了测量放线工作难度，需采用特殊装置，并严格控制测量放线精度，各施工层上放线、轴线竖向投测、标高竖向传递等测量放线环节，均对测量放线工作提出了较高挑战。为实现建筑工程施工测量放线技术的高水平应用，工程采用了 BIM 技术并针对性建设了建筑施工模型，在 BIM 技术和建筑施工模型支持下，图纸在项目中的位置得以确定，放线测量也得以顺利推进，因此工程逐步完成了测量放线控制轴网设定与双曲率弧形外围轮廓线定位方案。

测量放线控制轴网设定。在测量放线控制轴网设定过程中，需首先布设平面控制网，考虑到工程施工场地地势平坦、工况复杂、工程量巨大，采用一级平面控制网与导线控制网。在对施工场地各种因素综合考虑后，共布设平面控制点 5 个，以此满足设计要求，在测定平面控制导线网的过程中，《工程测量规范》（GB50026-2016）中的相关技术规定得到了严格遵循；在内控点布设过程中，结合具体的施工测量需求，在封闭建筑物围护结构前，需进行外部控制向内部控制的转移。轴线竖向投测采用内控法，预埋钢板于底层底板，采用划 "+" 字线钻孔作为基准点，预留 200mm×200mm 的孔洞于各层楼板对应位置，满足传递轴线需要。在已建成的建筑物测量标志或预埋件上设置内控点，结合施工条件、定位轴线测设需要、后浇带的影响，共设置 32 个内控点，以此保证每段施工流水段拥有至少 3 个内控点。采用边角测量和极坐标放样相结合的方式进行内控点的引测；作为首层及各层竖向控制与结构放线、基槽（坑）开挖后基础放线的基本依据，建筑物主轴线控制桩的位置需标注于施工现场总平面布置图中，在进行轴线竖向投测前前，需对基准点、控制桩进行检测，保证其位置准确，并将误差控制在 3H/10000 内。投测至施工层的控制轴线需保证闭合图形可顺利组成，且需要基于钢尺长度控制间距，保证间距最大为钢尺长度。在完成控制轴线投测后，需对投测轴线进行检测，施工线与细部轴线的测设需在闭合后进行。

双曲率弧形外围轮廓线定位方案。为更好保证施工顺利开展，建筑双曲率弧形外围轮廓线定位、变曲率曲线边沿放样坐标点选定、基于后方交会施测方法的通视干扰部位处理、基于坐标转换的不宜架设仪器部位处理均需要得到重视。在双曲率弧形外围轮廓线定位过程中，如采用多线段拟合完成复杂曲线，较大的工作量很容易导出错误的出现，而如果减少拟合线段，施工精度要求则无法得到满足。因此，采用"搓层放样、控制安装、实时监测"方案进行外围轮廓线放样，具体流程可概括为："N+1 层鱼头鱼尾曲线位置在 N 层精细放出→基于吊线坠的方式进行 N+1 层模板安装施工→测量、验收模板变形情况与安装精度，同时检查垂直度→混凝土浇筑→轮廓复核"；传统的几何作图法、经纬仪测角法、直接拉线法无法满足工程的变曲率结构需要，因此采用二分法进行变曲率曲线边沿放样坐标点选定。对于工程中存在的变曲率曲面结构（无标准层），需结合实际分解变曲率结构，并将设计曲率（无法直接施工）转化为微小直线段（施工中人为操作），配合等分过圆弧顶点切线法，即可保证测量放线精度，满足后续施工需要；施工现场复杂的条件使得部分内控点会出现通视干扰问题，为减少内控点通视受到的影响，楼层结构板边的施测采用后方交会法，转站的误差累积也能够由此避免；不宜架设仪器部位处理采用坐标转换方式，配合自由设站测量，即可基于合适位置架设的全站仪，测量外围轮廓转折点上模板的坐标，同时对 3 个内控点进行精确测量，即可基于模板检测坐标开展针对性的坐标转换。

综上所述，建筑工程施工测量放线技术的应用需关注多方面因素影响。在此基础上，本节涉及的测量放线控制轴网设定、双曲率弧形外围轮廓线定位方案等内容，则提供了可行性较高的技术应用路径。为了更好地提升建筑工程施工测量放线水平，各类新型技术与设备的积极应用需得到重点关注。

第三节　建筑工程施工的注浆技术

如今，随着时代的发展，建筑工程对于我国至关重要。而建筑工程是否优质，由注浆工作的优良决定。注浆技术就是将一定比例配好的浆液注入建筑土层中，使土壤中的缝隙达到充足的密实度，起到防水加固的作用。注浆技术之所以被广泛运用到建筑行业，是因为其具有工艺简单、效果明显等优点，但将注浆技术运用到建筑行业中也遇到了大大小小的问题。本节旨在通过实例来分析注浆技术，试图得出可以将注浆技术合理运用到建筑行业中的措施。

建筑工程十分繁杂，不仅包括建筑修建的策划，还包括建筑修建的工作，以及后面维修养护的工作。随着科技的飞速发展，建筑技术也不断地成熟，注浆技术也有一定程度的提升，而且可以更好地使用与建筑过程中，但是在运用的过程中也遇见了很多大大小小的问题，这不仅需要专业技术人员努力解决，还需要国家多颁布政策激励大家进行解决。注浆技术就是将合理比例的淤浆通过一个特殊的注浆设备注入土壤层，虽然过程看起来十分简单，但是在其运用过程中也有难以解决的问题。注浆技术运用于建筑工程中的主要优点就是：一定比例的浆料往往有很强的黏度，可以将土壤层的空隙紧密结合起来，填补土壤层的空隙，最终起到防水加固的作用。注浆技术在我国还处于初步发展阶段，没有什么实际的突破，需要我们进一步的进行研究探索。

一、注浆技术的基本概论

注浆技术原理。注浆技术的理论基础随着时代和科技的发展越来越完善，越来越适合用于建筑工程中。注浆技术的原理十分简单，就是将有黏性的浆液通过特殊设备注入建筑土层中，填补土壤层的空隙，提高土壤层的密实度，使土壤层的硬度以及强度都能够得到一定程度的提升，这样当风雨来袭，建筑能够有很好的防水基础。值得注意的一点是，不同的建筑需要配定不同比例的浆液，这样才可以很好地填充土壤层缝隙，起到防水加固的作用。如果浆液配定的比例不合适，那么注浆这一步工作就不能产生实际的作用，造成工程量的增加，也浪费了大量的注浆资金。所以，在进行注浆工作前，要根据不同的建筑配备合理的浆液比例，这样才有利于后续注浆工作的进行。而且注浆设备也要进行定期的清理，不然在注浆的工程中，容易造成浆液的堵塞，影响后续工作的进行，而且当浆液凝固在注浆设备中，难以对注浆设备进行清理，容易造成注浆设备的报废，也对造成浆液资金的大量浪费。

注浆技术的优势。注浆技术虽然处于初步发展阶段，但是却已经广泛运用于建筑工程中，其主要的原因是其具有三个优势：第一个优势是工艺简单；第二个优势是效果明显；第三个优势是综合性能好。注浆技术非常简单，就是将有黏性的浆液通过特殊设备注入建筑土层中，填补土壤层的空隙，提高土壤层的密实度，使土壤层的硬度以及强度都能够得到一定程度的提升。而且注浆技术可以在不同部位中进行应用，这样就有利于同时开工，提高工作效率；注浆技术也可以根据场景（高山、低地、湿地、干地等等）的变换而灵活更换施工材料和设备，比如在高地上可以更换长臂注浆设备，来满足不同场景下的施工需要。注浆技术最主要的优点就是效果明显，相关人员通过合适的注浆设备进行注浆，用浆液填补土壤层的空隙，最后使建筑能够很好地防水和稳固，即使是洪水暴雨来袭，墙壁也不容易进水和坍塌。在现实生活中，注浆技术十分重要，因为在地震频发的我国，可以有效地防治地震时建筑过早的坍塌，可以使人民有更多的逃离时间。综合性能好是注浆技术运用于建筑工程中最明显的优点。注浆技术将浆液注入土壤层中，能够很好地结合内部结构，不产生破坏，不仅可以很好地提升和保证建筑的质量，还可以延长建筑结构的寿命。也就是这些优势，才使注浆技术在建筑工程中如此受欢迎。

二、注浆技术的施工方法分析

注浆技术有很多种：高压喷射注浆法、静压注浆法、复合注浆法。高压喷射注浆法在注浆技术中是比较基础的一种技术，而静压注浆法主要应用于地基较软的情况，复合注浆法是将高压喷射注浆法和静压注浆法结合起来的方法，从而起到更好的加固效果。每种方法都有不同的优势，相关人员在进行注浆时，可以结合实际情况选择合适的注浆方法，这样才可以事半功倍，而且还可以将多种注浆方法进行结合使用，这样也有利于提高工作效率。下面进行详细介绍：

高压喷射注浆法。高压喷射注浆法在注浆技术中是比较基础的一种技术。高压喷射注浆法最早不在我国运用，早在十八世纪十年代，日本首先应用了高压喷射法，并且取得了一定的成就。我国在几年引入高压喷射注浆法运用于建筑工程中，也取得了很好的结果，而且在使用的过程中，我国相关人员总结经验结合实例，对高压喷射注浆法进行了一定的改善，使其可以更好地运用在我国的建筑过程中。高压喷射注浆法主要运用基坑防渗中，这样有利于基坑不被地下水冲击而崩塌，保证基坑的完整性和稳固性；而且高压喷射注浆法也适用于建筑的其他部分，不仅可以使有效地进行防水，还进一步提高了其稳定性。高压喷射注浆法比起静压注浆法，具有很明显的优势，就是高压喷射注浆法可以适用于不同的复杂环境中，而静压注浆施工方主要只能应用于地基较软的环境。但是静压注浆法比起高压喷射注浆法，也具有很大的优势，就是静压注浆法可以对建筑周围的环境也能给予一定保护，而高压喷射注浆法却不可以。

静压注浆法。静压注浆施工方法主要应用于地基较软、土质较为疏松的情况。注浆的主要材料是混凝土，其自身具有较大的质量和压力，因而在地基的底层能够得到最大限度的延伸。混凝土凝结时间较短，在延伸的过程中，会因为受到温度的影响而直接凝固，但是在实际的施工过程中，施工环境的温度局部会有不同，因而凝结的效果也大不相同。

复合注浆法。复合注浆法具体来说即是由上文介绍的静压注浆法与高压喷射注浆法相结合的方法，所以其同时具备了静压注浆法与高压喷射注浆法的优点，应用范围也更加广泛。在应用复合注浆法进行加固施工时，首先通过高压喷射注浆法形成凝结体，然后再通过静压注浆法减少注浆的盲区，从而起到更好的加固效果。

三、房屋建筑土木工程施工中的注浆技术应用

注浆技术在房屋建筑土木工程施工中也被广泛应用，主要运用在土木结构部位、墙体结构、厨房与卫生间防渗水中。土木结构部位包括地基结构、大致框架结构等等，都需要注浆技术来进行加固。墙体一般会出现裂缝，如果每一条缝隙都需要人工来一条一条进行补充，不仅会加大工作压力，而且填补的质量得不到保证，这时就需要注浆技术来帮忙，通过将浆液注入缝隙中，可以很好地进行填补，既不破坏内部结构，也不破坏外部结构。人们在厨房与卫生间经常用水，所以厨房和卫生间一定要注意防水，而使用注浆技术能够很好地增加土壤层的密实度，提高厨房和卫生间的防渗水性。下面进行详细的介绍：

土木结构部位应用随着注浆技术的应用范围越来越广，其技术也越来越成熟，特别是由于注浆技术的加固效果，使得各施工单位乐于在施工过程中使用注浆技术。土木结构是建筑工程中最重要的一部分，只有结构稳固，才能保证建筑工程的基本质量。注浆技术能够对地基结构进行加固，其他结构部位也可利用注浆技术进行加固，尽管注浆技术有如此多的妙用，在利用注浆技术对土木结构部位加固时，要严格遵守以下施工规范：施工时要用合理比例的浆液，而且要原则合适的注浆设备，这样才能事半功倍，保证土木结构的稳定性。

在墙体结构中的应用。墙体一旦出现裂缝就容易出现坍塌的现象，严重威胁着人民的安全。为此，需要采用注浆技术来有效加固房屋建筑的墙体结构，以防止出现裂缝，保证建筑质量。在实际施工中，应当采用黏接性较强的材料进行裂缝填补注浆，从而一方面填补空隙，一方面增加结构之间的连接力。另外在注浆后还要采取一定的保护措施，才能更好地提高建筑的稳固性，保证建筑工程的质量，进而保证人民的人身安全。

厨房、卫生间防渗水应用。注浆技术在厨房、卫生间防渗水应用中使用的最频繁。注浆技术主要为房屋缝隙和结构进行填补加固。厨房、卫生间是用水较多的区域，它们与整个排水系统相连接，如发生渗透现象将会迅速扩散渗透范围，严重的话会波及其他建筑部位，最终发生坍塌的严重现象。因此解决厨房、卫生间防渗水问题，保证人民的人身安全时，要采用环氧注浆的方式：首先要切断渗水通道，开槽完后再对其注浆填补，完成对墙体的修整工作。

综上所述，注浆技术是建筑工程中不可缺乏且至关重要的技术，其不仅可以加固建筑，而且还可以提高建筑的防水技能。注浆技术有很多种：高压喷射注浆法、静压注浆法、复合注浆法，相关工作人员只有结合实际情况选择合适的注浆方法，才可以事半功倍，而且还可以结合使用多种注浆方法，提高工作人员的工作效率，保证建筑工程的质量。

第四节　建筑工程施工的节能技术

随着科技的不断发展进步，建筑行业的技术也在不断地提升，从 20 世纪的平民瓦屋变成如今的高楼大厦，这些都体现着建筑行业的发展。随着科技的不断进步，在建筑行业对于节能环保越来越重视。在如今这个时代，建筑行业的每一个项目都会有节能环保的设计环节参与到里面，希望能够把节能环保的理念体现出来同时也要落到实处。本节着重在建筑工程施工的过程中分析节能技术的应用，同时对它的意义、概论、作用都进行了详细的分析和描述。

近些年来，随着我国的经济不断发展，人民的生活水平不断提高，这也使得节能环保的概念深入人心。特别是一些不可再生资源的重要性在我们的生活中也体现得越来越明显。所以人们的节能环保意识也在不断地增强。那么在如今的建筑工程施工过程中，我们都会把一些节能环保的产品引入到建筑项目中。在建筑的施工过程中尽可能多地使用可再生资源，比如说太阳能、风能等等在我们的生活中普遍使用。这样不仅仅可以减少对环境的污染，而且还可以节约不可再生资源。在近几年的建筑工程施工中我们可以看到整个施工过程中所体现出来的几个特点，比如说高科技设备、低功耗、低污染，这些都使得建筑工程行业在不断地进步，不仅极大地节约了资源，而且促进了经济的进步。

一、建筑工程施工节能技术的意义

我们知道在建筑屋顶的主要作用就是隔绝热量、隔水，而且能够保证室内的温度不会产生较大的差异。那么对节能技术在这一块的应用应该更加重视。我们在设定建筑屋顶的时候，其最主要的实现功能就是能够冬暖夏凉，但是利用传统的建筑技术，如果要实现这一部分功能则需要花费大量的人力和资力。因此我们在进行顶部功能的设计的时候，应当充分考虑节能技术的使用，将整个建筑物的综合功能都考虑在内，使得屋顶的价值能够最大化。

节能技术降低了施工成本。节能环保技术的使用的初衷就是节约资源或者减小资源的浪费。特别是对于不可再生能源，很多都使用了新能源进行代替使用，得到的效果也非常不错。比如说在传统的建筑行业施工过程中，我们经常使用的有水泥，钢筋，混凝土等等材料，那么在如今的建筑施工过程中，我们可能会采取一些新能源进行替代部分传统材料的使用。最常使用的便是太阳能、风能等等新能源。这些新能源不仅使用效果好，而且它们的成本都是非常低，并且可再生使用。降低了施工过程中的成本，提高了施工的效率。

节能技术提高了施工技术。因为建筑工程在施工的过程中所涉及的科目较为广泛，包括工程学、建筑学、机械学等很多个科目糅杂在一起，非常复杂，而且施工的量也非常大。所以说如果想要实现整个建筑工程都能够节能环保，那么就需要在施工的过程中使得各个环节都能够相互协调。使用的各种技术、各种材料，以及在每一个时期所采取的措施，都能够互相地结合在一起，这样就能够在整个施工过程实现节能。那么整个工程质量也会因此大大提升，当工程质量能够得到用户的普遍认可，那么这样就会使得施工队伍的竞争力越来越大，在整个建筑行业里面都能够有自己的一席之位。同时，还能够促进整个建筑行业的快速发展，促进经济的发展。

提高节能保温技术。建筑工程中的节能保温技术，主要在外墙、屋顶、门窗，以及地面四个方面实施。因为建筑物的主体都是由这四个方面组成的。那么这四个方面的保温技术如果能够得到提高，对用户居住在建筑物中的舒适度将会有重要的作用。也正是由于节能保温技术对于建筑物的重要作用，所以才使得在我国的建筑行业里面，对这项技术的提高尤为重视。虽然我国的现代化建筑行业相比较于国外还存在着一定的差距，但是经过了这些年的不断发展，在整体的水平上已经很是接近。

二、建筑工程施工中节能技术的作用

有助于实现可持续发展。对于建筑行业来说，我们在进行建筑施工的过程中，都是有着明确的规定以及施工的范围都有着一定的要求。所以我们在施工的过程中就需要施工人员以及项目负责人都要按照制定好的标准来实施，特别要拟定的是节能环保，标准。因为现代的居民对于居住的要求越来越高，所以对于我们的施工过程来说都必须要有严格的标准。在现代化的建筑行业在进行施工的过程中，通常都是采用节能的技术，最终的目的，都是实现可持续发展。现代化的建筑行业相比较于传统的建筑行业来说，具有很大的进步优势。因为在传统的建筑行业里面都是以节约资源作为标准。仅仅是为了把资源控制在尽量小的范围内进行使用，而并不能完全实现未来的可持续发展。所以在现代的建筑行业里面就需要我们不仅能够节约资源，实现资源利用最大化，而且能够实现整个建筑资源可持续发展。

有助于推动建筑产业的发展。建筑行业的经济效应通常都是建筑物的质量息息相关。特别是在施工的过程中，建筑物的效果以及对建筑采取的节能技术将会直接对建筑行业有着很大的影响。在施工过程中，有很多节能环保技术不仅仅靠资源就能够解决的，而且还需许多的高新技术设备来进行支撑。特别是机械电子与节能材料这两个产业与节能技术有着紧密的关系。所以说需要二者的紧密结合共同推动建筑产业的发展。

有助于资源的充分利用。因为在施工的过程中，有很多资源都被浪费了。所以说，在巨大的资源利用的同时，需要我们对其合理地分配使用。否则将会造成建筑行业里面对于资源使用情况的浪费更加严重。比如说在施工的过程中会因为资源浪费而产生粉尘，对环境和空气造成了极大的污染，还会因此而产生很多垃圾。那么我们在施工的过程中使用节能环保技术则可以在很大程度上避免这种情况的发生。那么我们使用节能技术，节能技术里面的资源回收再利用，则是可以将浪费的部分的资源重新进行使用。这样可以有助于资源的充分利用，也可以提高建筑行业在施工的过程中的效率。

三、建筑工程施工中节能技术的应用

节能材料的应用。在整个节能技术的应用里面，对于节能材料的使用则是最广泛的。比如说我们在建地基的时候，可能需要考虑的在建建筑墙体的时候的重量问题，因为需要考虑地基所能承受的最大的负载重量。但是在采用了节能技术以后，我们可以采用加气全气块技术，这样就可以把墙体的重量给降下来。还有对于墙体，我们还可以使用节能玻璃材料，不仅坚固而且还可以节约资源、节约材料。对于节能材料的应用还有许多方面。使用节能材料不仅仅能够提高整个建筑物的稳定性，还可以节约水泥混凝土的使用，减少了资源的浪费，保护了环境，提高了建筑物的质量。

建筑工程结构的节能设计。随着经济的不断发展，可持续发展越来越受到关注和重视。因此，相关部门出台了一些文件针对节能环保技术给予了很大程度上的重视和支持，这也使得节能环保技术在如今的建筑施工过程中使用的范围越来越广。

在建筑地面施工中的应用。建筑地面的最主要的功能就是为了实现防潮和采暖。那么在施工的过程中能够选用质量较好的防潮材料则是相当的重要。那么在这个设计的过程中就需要充分考虑建筑结构的节能应用，使得屋内的热量能够充分的散发出来，但是同时还要注意，屋里的保暖功能，不受干扰。这就需要节能保暖技术与保暖材料充分结合起来。

在建筑门窗施工中的应用。在将整个建筑物的大体框架施工完成之后，建筑门窗的施工就属于最为重要的部分。因为建筑门窗不仅仅要消耗大量的材料，而且还需要大量的人力。那么我们在进行安装建筑门窗的时候就需要充分考虑节能材料的使用。利用节能技术将建筑门窗的基本功能得以实现，而且还能够保证与建筑物整体的完美契合。

可再生资源的利用。对于建筑中可再生资源的利用，那么通常就是将太阳能、风能等新能源进行充分结合，为建筑物所使用并且能够实现建筑物的节能功能。特别是在现代化的日常生活中，太阳能已经被普遍使用。比如说，在居民的房屋顶部通常都是使用太阳能热水器。还有在现在的很多交通要道上，都已经采取太阳能路灯供电。

这些都说明太阳能在建筑施工中已经被普遍使用，并且使用的效果也非常不错。那么对于风能的使用，通常都是在发电站内部进行使用。这些可再生资源的使用都大大地节约了有限的能源。

根据本节的详述介绍，我们知道节能技术在建筑工程的施工过程中取得的效果非常显著。而且，在建筑项目工程上，节能技术的广泛使用不断地促进建筑行业技术的提高，促进经济的不断发展，也在不断地将我国建设成为一个资源节约型的社会。相信节能技术在未来的使用上范围也将更加广阔，前景更加美好。

第五节　建筑工程施工绿色施工技术

因为现代社会人群的环保意识增强，所以建筑工程施工作为城市环境污染来源之一，必须对施工进行管制，消除或控制各类污染现象，而管制手段上，在现代技术背景下建议采用绿色施工技术。绿色施工技术是在传统施工技术基础上，围绕降低施工污染目的进行改进而得出的先进施工技术，此类技术不但具有良好的环保价值，同时形成的施工质量，相比于传统技术更是有过之而无不及，因此此类技术应用价值较高。本节出于推动施工绿色技术应用目的，将对此类技术的应用进行分析，了解常见技术种类以及应用方法，并提出有关绿色施工技术未来发展的思考。

传统建筑工程施工中，大多数施工单位只关注施工质量，普遍缺乏环保意识，导致施工技术应用"大刀阔斧"，造成了类似扬尘污染、废水污染等污染现象，使周边环境质量不断下降，这一情况在长期城市建设当中愈演愈烈。而在现代，传统建筑工程施工引起的环境污染现象，得到了广泛的关注，地方政府以及社会群众，都希望对这一现象进行治理，在这一要求下就出现了绿色施工技术，此类技术同时兼顾环保要求以及施工质量，具有更高的应用价值。

一、传统建筑工程污染现象分析

在传统建筑工程施工中，因为施工管理侧重于工程质量，所以忽略了施工污染治理部分，导致施工中出现很多污染现象，例如扬尘污染、废水污染、垃圾污染等，下文将对这些污染现象的具体表现进行分析：

扬尘污染。扬尘污染在传统建筑工程当中十分常见，主要指施工时各类细小的粉尘颗粒进入空气中飘荡，人长期在此环境中生存，容易影响自身健康，严重时会引发疾病。成因上，扬尘污染的形成原因有很多，例如混凝土卸料、桩基开挖，甚至施工人员的走动都可能引起大面积扬尘，由此可见扬尘污染是施工中难以避免的现象。

废水污染。废水污染是指传统建筑工程施工时，因人工排水行为而造成的水体污染现象，即因为某些施工行为当中需要使用水资源，例如用水清洗施工设备等，由此就产生了废水，而传统施工人员常随意排放废水至周边路面上，由此就形成了废水污染。废水污染会直接影响到城市环境的美观度，同时可能会散发刺鼻气味，使生活质量下降。

垃圾污染。在传统施工技术当中，部分施工技术会产生大量的施工垃圾，例如木屑、钢材废料等，甚至存在化学类垃圾，这些垃圾产生之后，施工人员可能会将其胡乱丢弃，由此形成垃圾污染。垃圾污染同样会对城市环境美观度造成影响，且其中化学类垃圾可能存在有毒物质，对于环境与人体都有较大危害。

二、绿色施工技术思考与种类

绿色施工技术思考。针对绿色施工技术在建筑工程当中的应用，下文将对其技术特点与应用原则进行分析：

技术特点。就当前绿色施工技术表现来看，其具有节能效益与高精度的特点。其中节能效益体现为：综上三类污染现象可见，其即使在现代建筑施工当中也难以避免，但为了处理污染问题，应当降低扬尘、废水、垃圾的产生，这一点与施工技术的节能效益有直接关系。举例来说，在混凝土卸料导致的扬尘污染当中，混凝土批次数量就直接影响了扬尘量，即混凝土批次越少扬尘量越少，所以当施工技术节能效益良好，就代表混凝土需求量降低，使得混凝土批次减少，实现控制扬尘量的目的。而绿色施工技术普遍具有良好的节能效益，可以实现消除扬尘污染等污染现象的目的，同时有利于工程投资金额的降低。

在现代先进理论当中对于绿色施工技术的定义为：具有高精度特征的施工技术，即绿色施工技术是结合施工质量要求，高精度的控制行为范畴、用料量，由此同时兼顾施工质量与环保目的。具体来说，结合上述节能效益分析内容，绿色施工技术应用应当减少材料用量，但如果材料用量过于低，则代表施工质量受损，所以当绿色施工技术出现这一现象，则说明施工本末倒置，因此在应用此类技术时，一定要重视精度要求。

技术应用原则。绿色施工技术应用原则有二，即和谐原则与经济性原则。其中和谐原则体现为：建筑工程施工十分复杂，需要使用很多专项技术才能完成作业，而在传统施工当中，经常出现不同专项技术之间的冲突，例如需要在墙板上预留孔洞，但孔洞位置会影响墙板质量，说明两者之间不和谐。而在绿色施工技术概念下，各类技术必须相处融洽，这是绿色施工技术应用的基本原则，即和谐原则，如果存在技术上的冲突，则说明施工方案有误，必须进行修整。

经济性原则体现为：绿色施工技术在应用当中，不能因为保障质量或实现环保，而大肆使用资金，相反任何围绕绿色施工技术应用设置的施工方案，其都应当遵循经济性要求，将方案成本控制到最低。举例来说，在施工选材方面，需要根据绿色施工工艺要求，就近选择符合标准的材料，此举可以有效节省成本，同时兼顾了环保与质量要求。

绿色施工技术种类。结合案例与先进理论得知，当前常见的绿色施工技术包括绿色墙体技术、绿色门窗技术。

色墙体技术。墙体结构是建筑工程的主要组成部分，施工技术方面具有体积大、用料多的特点，所以是造成污染的主要部分。而在绿色施工技术下，针对传统墙体施工技术进行了改进，改进方向为材料优化，即传统墙体施工技术当中，主要采用砖块砌体与水泥材料，这些材料容易造成粉尘污染，而现代绿色施工技术当中，主要采用空心砖、活性炭等材料进行施工，其中空心砖可以有效节省施工成本消耗，且产生的污染程度较小；活性炭是最近出现的墙体材料，其不但经济实惠，还具有治理污染的效果，即活性炭可以吸收异味、空气中的有害物质等，所以具有环保价值。此外，结合活性炭墙体材料，在绿色墙体施工技术中还经常使用新型隔墙板材料，此类材料具有更优秀的防水效果，可以避免水体污染。

绿色门窗技术。门窗是建筑工程主要功能体现的结构，即门窗决定了建筑采光、保暖功能，而在传统建筑施工当中，针对门窗部分的施工并没有考虑到采光、保暖功能，只是单纯地进行安装，且施工技术上十分粗糙，易造成框架裂缝等问题。而在绿色施工技术应用当中，针对门窗部位，主要采用双层玻璃、铝合金断热材料和铝木复合材料进行施工，其中双层玻璃主要针对窗，具有良好的隔温、保温、采购功能，而铝合金断热材料和铝木复合材料主要针对门，具有良好的降噪功能。

三、绿色施工技术未来应用趋势

针对绿色施工技术在未来建筑工程当中的应用，本节建议施工企业结合先进技术对施工现场的各类问题进行管理，例如利用扬尘高度传感器对现场扬尘高度进行检测，随后当扬尘高度超过标准值，则自动启动降水系统对扬尘进行控制，由此可以起到治理扬尘污染的作用。同时绿色施工技术应用还要融入施工管理当中，依照绿色施工概念，对人为因素造成的污染进行管制，例如上述废水污染、垃圾污染等，此举可以更充分发挥绿色施工技术的能效，在未来施工中值得借鉴。

针对绿色施工技术的应用，在现代建筑工程施工中尚还处于概念化阶段，很少有施工企业将其落实，原因在于大多数施工企业还不了解绿色施工技术的应用方法以及重要性，所以本节认为有必要对绿色施工技术的应用进行思考，随之在文中进行了一系列的分析，主要参数了传统施工中的污染问题、绿色施工技术特点与应用原则、绿色施工技术种类以及未来应用趋势。

第六节　水利水电建筑工程施工技术

随着水电技术的发展，人们对它们的建筑技术提出了更高的要求。我国水电工程已成为各行业和利益相关者关注的焦点。再加上我国目前水电工程工作的总体情况和做法，我想介绍一下水电工程的现状以及水电工程的重要性。此外，还介绍并解释了关于生产和大坝技术、水泥混凝土添加剂、大规模破坏混凝土技术和大坝建筑技术的一些方面。

在水利水电工程施工安全管理中做到以下几点：一是要经常对施工人员进行安全工作的岗前以及岗中培新，让所有的施工人员将安全施工牢记在自己的心里，高高兴兴上班来，安安全全回家去。从根本上消除习惯性违章，降低发生安全事故的概率；二是要制定和落实安全技术措施，从源头消除现场的危险源，安全技术措施要有针对性、可行性，并要得到落实；三是要加强防护用品的采购质量和检验，确保防护用品的防护效果；四是要加强现场的日常安全巡查与检查；及时辨识现场的危险源，并对危险源进行评价，制定有效措施予以控制。

一、水利水电建筑工程施工技术的意义

水电是一种可再生能源，既安全又环保，其应用对社会进步和经济发展做出了巨大贡献。在水电工程中，技术是工程的根本和关键要素，因此必须执行建筑技术，以确保水电技术的成功实施。水电技术直接取决于工程是否成功完成，只有在工程管理完成时，才会协调所有方向的工作，使整个水电工程达到一个简单的高度。

二、水利水电建筑工程施工技术分析

水电工程项目与成功实施水电工程以及国家和人民的利益有关，因此水电工程将非常重要，下面将对水电工程方法进行分析。

（一）预应力锚固技术

预应力在水电项目中占有重要地位，是一项更具体的技术，直接依赖于水电技术的经济效率。预应力是锚预应力和混凝土预应力的一般张力，是一种不断变化的新技术。技术可以在水电工程过程中对基岩施加初步压力，这取决于强度、方向和深度等。

预应力技术可以保证更好地扩大张力，这是其他技术无法比拟的优势，因为预应

力技术可以应对不同种类的差异，这使得结构更加多样化，主要是在两类锚定锚点。锚孔是锚的位置，这是最初影响的基础。锚头必须放在锚孔后面，以便类可以更好地阻断预应力，而锚梁可以作为锚束作为锚，主石可以承受更多的压力。预应力技术加强了水力发电，从而提高了建筑的质量。

（二）施工导流技术

在水电供应方面，建筑的导电性是一种特殊的保护结构，对水电供应和整体建筑质量具有重要影响。实施制造破坏者技术需要暂时修复大坝，作为一种威慑剂，可以更好地保证水电站的建设质量。由于大坝流速快、河流面积减少和水流特征显著，应提供适当的技术，全面考虑其稳定性和安全性，以便为工业变形技术奠定基础。在水电建筑工程中，安装技术可以很好地控制河床，因此直接取决于项目的进展和安全。在这个重要生产技术，需要建设完成各种工作，统一按照环境影响和地形，以及协调控制工作质量，确保水电站更高的生产率和工作质量，从而降低水力发电价格和满足建筑要求建筑水力发电。

（三）土坝防渗加固技术

一般来说，水库的水坝很容易被吞没、坍塌、潮湿，其结果会导致水坝泄漏，甚至水库的变形，如果不及时处理，也会产生重大的影响，造成许多安全问题，因此，水力发电中的技术进步至关重要。大坝加固技术可以应付大坝的渗透和变形，这将使大坝分裂并在大坝中形成一个保护器，以防止泄漏，最终使大坝保持坚固和稳定。在土坝坝体劈裂的注射土坝灌浆孔布置实际主排孔沿坝轴线设置排气孔，副坝轴线必须放置在 150 米，这两排孔，分别建立并保持 3~5 m，灌浆孔的距离，以及样品坝体，最终可能形成坝基防渗体一起到达。

（四）做好施工现场的安全管理工作

水电是一个非常复杂和重要的项目，不仅影响到建筑企业的利益，也影响到国家和人民的利益，因此必须完成水电安全工作。水电工程是多功能的，受到外部环境的影响，因此在建造之前必须建立一个完美的安全管理系统，有几个具体的方面。首先，必须在施工前进行安全培训，按照施工要求进行阶段和阶段，并规定专门工作的许可证制度。其次，必须保证现场每个工作人员的安全和教育，建立世界上第一个安全关切，并为安全准备水电工程。再次，必须完成技术过渡工作，由技术人员负责，执行水电工程项目的任务，以确保建设顺利进行。最后，监督工作，及时处理水电技术中的各种安全风险，以及在建筑工地进行安全措施的监测和检查。

水利水电工程的施工管理还有很长的路要走，由于水利水电工程关系到方方面面，它不仅对我国经济的发展有助推力的作用，而且也关系到人民大众的日常生活问题，一定要引起高度重视，将水利水电事业发展和完善好。水利水电工程的施工管理需要有专门的技术人员把关，同时国家应该出台相应的法律法规、政策和制度，最大限度地保障水利水电工程的顺利进行。

随着经济的发展和时间的推移，水电项目逐渐增加并取得了一定的成功。水力发电的技术管理是至关重要的，因此重要的是研究水电技术，并在工作的长期发展中发挥重要作用。在实践中，为了确保顺利实施水电工程，需要对水电工程技术进行全面管理，从而确保水电工程的完成质量。

参考文献

[1] 赵志勇.浅谈建筑电气工程施工中的漏电保护技术 [J].科技视界，2017（26）：74-75.

[2] 麻志铭.建筑电气工程施工中的漏电保护技术分析 [J].工程技术研究，2016（05）：39+59.

[3] 范姗姗.建筑电气工程施工管理及质量控制 [J].住宅与房地产，2016（15）：179.

[4] 王新宇.建筑电气工程施工中的漏电保护技术应用研究 [J].科技风，2017（17）：108.

[5] 李小军.关于建筑电气工程施工中的漏电保护技术探讨 [J].城市建筑，2016（14）：144.

[6] 李宏明.智能化技术在建筑电气工程中的应用研究 [J].绿色环保建材，2017（01）：132.

[7] 谢国明，杨其.浅析建筑电气工程智能化技术的应用现状及优化措施 [J].智能城市，2017（02）：96.

[8] 孙华建.论述建筑电气工程中智能化技术研究 [J].建筑知识，2017，（12）.

[9] 王坤.建筑电气工程中智能化技术的运用研究 [J].机电信息，2017，（03）.

[10] 沈万龙，王海成.建筑电气消防设计若干问题探讨 [J].科技资讯，2006（17）.

[11] 林伟.建筑电气消防设计应该注意的问题探讨 [J].科技信息（学术研究），2008（09）.

[12] 张晨光，吴春扬.建筑电气火灾原因分析及防范措施探讨 [J].科技创新导报，2009（36）.

[13] 薛国峰.建筑中电气线路的火灾及其防范 [J].中国新技术新产品，2009（24）.

[14] 陈永赞.浅谈商场电气防火 [J].云南消防，2003（11）.

[15] 周韵.生产调度中心的建筑节能与智能化设计分析——以南方某通信生产调度中心大楼为例 [J].通讯世界，2019，26（8）：54-55.

[16] 杨吴寒，葛运，刘楚婕，张启菊.夏热冬冷地区智能化建筑外遮阳技术探究——以南京市为例 [J].绿色科技，2019，22（12）：213-215.

[17] 郑玉婷 . 装配式建筑可持续发展评价研究 [D]. 西安：西安建筑科技大学，2018.

[18] 王存震 . 建筑智能化系统集成研究设计与实现 [J]. 河南建材，2016（1）：109-110.

[19] 焦树志 . 建筑智能化系统集成研究设计与实现 [J]. 工业设计，2016（2）：63-64.

[20] 陈明，应丹红 . 智能建筑系统集成的设计与实现 [J]. 智能建筑与城市信息，2014（7）：70-72.